给建筑师的思想家读本

建筑师解读 德勒兹与瓜塔里

[英] 安德鲁·巴兰坦　著

陈苏柳　胡　燕　译

U0376451

中国建筑工业出版社

著作权合同登记图字：01-2011-5506号

图书在版编目（CIP）数据

建筑师解读德勒兹与瓜塔里 /（英）安德鲁·巴兰坦著；陈苏柳，胡燕译 . —北京：中国建筑工业出版社，2019.11（2024.11重印）
（给建筑师的思想家读本）
书名原文：Deleuze & Guattari for Architects
ISBN 978-7-112-24435-5

Ⅰ.①建… Ⅱ.①安…②陈…③胡… Ⅲ.①德鲁兹（Deleuze, Gilles 1925-1995）—哲学思想—影响—建筑学—研究②菲利克斯·瓜塔里—哲学思想—影响—建筑学—研究 Ⅳ.①TU-05②B565.59

中国版本图书馆CIP数据核字（2019）第247095号

责任编辑：戚琳琳　董苏华
责任校对：张惠雯

给建筑师的思想家读本
建筑师解读　德勒兹与瓜塔里
[英] 安德鲁·巴兰坦　著
陈苏柳　胡　燕　译

*

中国建筑工业出版社出版、发行（北京海淀三里河路9号）
各地新华书店、建筑书店经销
北京点击世代文化传媒有限公司制版
建工社（河北）印刷有限公司印刷

*

开本：880×1230毫米　1/32　印张：4¾　字数：121千字
2020年5月第一版　2024年11月第二次印刷
定价：35.00元
ISBN 978-7-112-24435-5
（34902）

版权所有　翻印必究
如有印装质量问题，可寄本社退换
（邮政编码 100037）

献给彼得·克莱因、乔安娜·克莱因和佩内洛普·克莱因
To Peter, Joanna and Penelope Klein

目 录

丛书编者按

亚当·沙尔（Adam Sharr）

　　建筑师通常会从哲学界和理论界的思想家那里寻找设计思想或作品批评机制。然而对于建筑师和建筑专业的学生而言，在这些思想家的著作中进行这样的寻找并非易事。对原典的语境不甚了了而贸然阅读，很可能会使人茫然不知所措，而已有的导读性著作又极少详细探讨这些原典中与建筑有关的内容。而这套新颖的丛书，则以明晰、快速和准确地介绍那些曾讨论过建筑的重要思想家为目的，其中每本针对一位思想家在建筑方面的相关著述进行总结。丛书旨在阐明思想家的建筑观点在其全部研究成果中的位置，解释相关术语，以及为延伸阅读提供快速可查的指引。如果你觉得关于建筑的哲学和理论著作很难读，或仅是不知从何处开始读，那么本丛书将是你的必备指南。

　　"给建筑师的思想家读本"丛书的内容以建筑学为出发点，试图采用建筑学的解读方法，并以建筑专业读者为对象介绍各位思想家。每位思想家均有其与众不同的独特气质，于是丛书中每本的架构也相应地围绕着这种气质来进行组织。由于所探讨的均为杰出的思想家，因此所有此类简短的导读均只能涉及他们作品的一小部分，且丛书中每本的作者——均为建筑师和建筑批评家——各集中仅探讨一位在他们看来对于建筑设计与诠释意义最为重大的思想家，因此疏漏不可避免。关于每一位思想家，本丛书仅提供入门指引，并不盖棺论定，而我们希望这样能够鼓励进一步的阅读，也即激发读者的兴趣，去深入研究这些思想家的原典。

"给建筑师的思想家读本"丛书已被证明是极为成功的，探讨了多位人们耳熟能详，且对建筑设计、批评和评论产生了重要和独特影响的文化名人，他们分别是吉尔·德勒兹[①]、费利克斯·瓜塔里[②]、马丁·海德格尔[③]、露丝·伊里加雷[④]、霍米·巴巴[⑤]、莫里斯·梅洛-庞蒂[⑥]、沃尔特·本雅明[⑦]和皮埃尔·布迪厄。目前本丛书仍在扩充之中，将会更广泛地涉及为建筑师所关注的众多当代思想家。

亚当·沙尔目前是英国纽卡斯尔大学（University of Newcastle-upon-Tyne）的教授、亚当·沙尔建筑事务所首席建筑师，并与理查德·维斯顿（Richard Weston）共同担任剑桥大学出版社出版发行的专业期刊《建筑研究季

[①] 吉尔·德勒兹（Gilles Deleuze, 1925—1995年），法国著名哲学家、形而上主义者，其研究在哲学、文学、电影及艺术领域均产生了深远影响。——译者注

[②] 费利克斯·瓜塔里（Félix Guattari, 1930—1992年），法国精神治疗师、哲学家、符号学家，是精神分裂分析（schizoanalysis）和生态智慧（Ecosophy）理论的开创人。——译者注

[③] 马丁·海德格尔（Martin Heidegger, 1889—1976年），德国著名哲学家，存在主义现象学（Existential Phenomenology）和解释哲学（Philosophical Hermeneutics）的代表人物。被广泛认为是欧洲最有影响力的哲学家之一。——译者注

[④] 露丝·伊里加雷（Luce Irigaray, 1930年—），比利时裔法国著名女权运动家、哲学家、语言学家、心理语言学家、精神分析学家、社会学家、文化理论家。——译者注

[⑤] 霍米·巴巴（Homi, K. Bhabha, 1949年—），美国著名文化理论家，现任哈佛大学英美语言文学教授及人文学科研究中心（Humanities Center）主任，其主要研究方向为后殖民主义。——译者注

[⑥] 莫里斯·梅洛-庞蒂（Maurice Merleau-Ponty, 1908—1961年），法国著名现象学家，其著作涉及认知、艺术和政治等领域。——译者注

[⑦] 沃尔特·本雅明（Walter Benjamin, 1892—1940年），德国著名哲学家、文化批评家，属于法兰克福学派。——译者注

刊》(*Architectural Research Quarterly*)的主编。他的著作有《海德格尔的小屋》(*Heidegger's Hut*)(MIT Press，2006年)和《建筑师解读海德格尔》(*Heidegger for Architects*)(Routledge，2007年)。此外，他还是《失控的质量：建筑测量标准》(*Quality out of Control: Standards for Measuring Architecture*)(Routledge，2010年)和《原始性：建筑原创性的问题》(*Primitive: Original Matters in Architecture*)(Routledge，2006年)二书的主编之一。

致谢

感谢那些鼓励我的人，及那些在我全神贯注于写作之中对我抱以耐心的人。他们包括纽卡斯尔大学建筑文化研究小组的同事，艾米丽·阿佩尔特（Emily Apter）、达娜·阿诺德（Dana Arnold）、史蒂夫·巴森（Steve Basson）、埃德·迪门德伯格（Ed Dimendberg），珍·希利尔（Jean Hillier），尼尔·林奇（Neil Leach）、杰拉德·洛夫林（Gerard Loughlin）、艾琳·曼宁（Erin Manning）、布赖恩·马苏米（Brian Massumi）、萨莉·简·诺曼（Sally Jane Norman）、约翰·保罗·里科（John PaulRicco）、安妮（Anne）和约瑟夫·里克沃特（Joseph Rykwert）、亚当·夏尔（Adam Sharr）、克里斯·史密斯（Chris Smith）和安东尼·维德勒（Anthony Vidler）。

彼得·克莱因（Peter Klein）于1982年在伦敦向我介绍了德勒兹与瓜塔里的作品。那时我们在一家书店里，那里有一堆美国第一版的《反俄狄浦斯》的滞销书，他在那堆书中惊异地发现了这本书，并让我注意。图书即使在降价后，对于即兴购买者也过于昂贵。

"它好吗？"我问道。

"我能说什么？"他说，"……它改变了我的生活。"

安德鲁·巴兰坦

阿斯屈安

2007年1月1日

图表说明

艺术家权利协会（Artists' Rights Society），第 36 页。

安德鲁·巴兰坦（Andrew Ballantyne），第 75 页；第 76 页；第 95 页。

哥伦比亚影业（Columbia Pictures），第 24 页。

达米恩·赫斯特（Damien Hirst），第 9 页。

杰拉德·洛夫林（Gerard Loughlin），第 76 页。

米高梅（MGM），第 58 页。

路透社 / 联合国工业发展组织（Reuters/Benoit Tessier），第 98 页。

于克斯屈尔（Uexküll），1934 年，第 84 页。

华纳兄弟（Warner Brothers），第 69 页；第 70 页。

"谁"？

我们不再是自己

　　吉尔·德勒兹（Gilles Deleuze）和菲利克斯·瓜塔里（Félix Guattar）合作出版过好几本书，他们独立的作品则更多。他们最著名的作品以"资本主义和精神分裂症"为题，分为两卷：第一卷《反俄狄浦斯》（1972 年），第二卷《千高原》（1980 年）。德勒兹（1925-1995 年）是一位哲学家，而瓜塔里（1930-1992 年）是一位精神病学家和政治活动家。当他们合作时，他们的观点融合在一起，让人无法辨识出他们各自的发声。为了从某个特定角度说明主题，写作有时会使用短时出现的人物角色进行语域的转换。这些角度古怪独特，内容关于分子、观影者或者足球运动员等。两位作者说："我们一起合作《反俄狄浦斯》，既然每人都有多个身份，那么就有一大群人。"书中个人身份的话题被提起、放弃而后又被重新阐述。这些狡猾的角色到底是谁？我们如何辨别？更重要的是，我们为什么想知道？如果在某刻，我们已知角色是谁，然后我们将会了解什么？据两位作者所说，他们的**目的不是要达到某个点，人们不再说"我"，而是要达到这一点，是否说"我"**已经不再重要。尽管不再有"谁"的问题；但他们还是暂且保留了姓名，"出于习惯，纯粹出于习惯"，接着两位作者令人困惑地总结："我们不再是自己。"人们所理解的并不是他们。

　　《千高原》的开篇很简洁，但对我们惯有的思维是一个挑   2

战，挑战源自两个方面：瓜塔里治疗精神病人的工作，以及德勒兹作为哲学家的思考习惯，两方面都寻求严密的逻辑而舍弃常识的预期，因为常识的预期常使我们背离逻辑，无法得出逻辑的结论。在我们的日常生活中，常识起作用，德勒兹和瓜塔里也用常识行事，在书上签上了自己的姓名。**"像常人一样说话很友好，比如说太阳升起，所有人都知道这只是说话的方式罢了。"**（德勒兹和瓜塔里，1980，3）

太阳当然会升起，如果我们在黎明时分，面对东方遥远的地平线，我们用眼就会看到太阳升起。然而我们知道地球围绕太阳运行，因此就更深奥的观点而言，"太阳升起"很狭隘，是基于地球的描述。这个描述平淡无奇，但经常很管用。在正常的社交聚会上，其他方式的描述会显得多么迂腐！如果我们能感受太阳是静止的，地球只有转动到某个角度才能更清晰地看到太阳，这如同乘坐宇宙飞船，一定很让人振奋，但我们还是私底下想象就好了。即使在我排队等车的时候想到这些念头，我也不会与身边的人分享，我宁可说普通的"太阳升起"。如果一个陌生人转向我，开始谈论"宇宙飞船"，我一定会感到忧虑。

界定人物的问题

如果我要试图解释德勒兹和瓜塔里是谁，我就得试图思考如何进行人物的界定。就他们的国外读者而言，他们的行为呈现了事物概念化的新方式。界定某人是谁还有其他的方式，在约翰·贝伦特（John Berendt）的小说《午夜善恶花园》（*Midnight in the Garden of Good and Evil*）中，故事背景发生在佐治亚州的萨凡纳市，界定的方式非常简明。某个萨凡纳的熟人说："如果你到亚特兰大市，人们会问的第一个问题是

'你是做什么的？'；在梅肯市，人们会问'你去哪儿的教堂？'；在奥古斯塔市，人们会问你祖母的姓；**在萨凡纳市，人们会问'你要喝什么？'"**（Berendt，1994,30-31）这些问题旨在身份界定。如果我的祖母在奥古斯塔没有名望，那么我就无足轻重。我可以在商店购买东西，可以在餐馆吃饭，但我无法融入当地的社交圈，如果我有了孙辈，他们也许能融入当地。

如果我在亚特兰大没有生意，那么很明显我就是个小人物（即使我祖母出生在那里）。就算是在佐治亚州，界定不那么清晰，但规则仍然适用。然而，答案并不重要；这个故事的重点在于，问题本身定义了所在地方的特性。亚特兰大崇尚新贵，奥古斯塔趋炎附势，萨凡纳享乐至上，这样身份就被确定了。同样，如果我们不能拥有一个可承认的身份，我们就会从视野中消失。不同的地域，不同的历史时期，会涌现不同的身份界定问题。在贵族社会中，宗谱以世袭头衔和角色进行身份界定，比如，王公贵族一定是世袭的头衔，今天也如此，就连凡尔赛宫的图书馆员职位也是世袭的。在低得多的社会层级中，也经常有类似的事情发生，但不那么法制化。一个非常稳定的社会，世代相传、一成不变，鞋匠或者木匠的技能传承的最佳人选或许就是工匠的儿子，这一点出于实际而非意识形态的决定，因为工匠的孩子能获允进入车间，也能取得他父亲，即业主的绝对信任。技艺精湛的工匠最可能由他的孩子继承他的行当，因此，男孩父母的身份对于他来讲是一个重要并决定身份的因素。在 21 世纪，空间和社会的流动性比 50 年前要大得多，个人宗谱的追溯前所未有地流行。当我们对祖先有所了解，我们就能对自身有所了解。即使我们背井离乡，亲戚既不知道我们工作地点，也不了解我们的工作方式，但家庭团聚时，个人宗谱会再次出现。

一位女性既可以是一家国际公司的拥有者，有数百名员工在办公室为她服务，也可以在家庭场合中是某人的女儿，或者是某人的阿姨，这是她在此场合的身份。**两个身份都是真实的，她知道如何扮演这两个角色。**很多的不同方面可以定义一个人的身份，这取决于我们所在的团体或场合。例如，我们可以说，吉尔·德勒兹是范妮的丈夫，是朱利安和艾米莉的父亲，但这与我们有什么关系呢？提到这些就显得很八卦。德勒兹是一个优秀的网球运动员，也是一个糟糕的司机，但这些细节对我们来说并不重要，因为没人能有机会跟他打网球，也没有机会婉拒他提供的搭载。传记写作中有一种倾向，当我们看到传记人毫无防备时的私密甚至恶劣的行为，就以为看到了人们真实的一面，仿佛卸掉所有公众场合的身份，就会剩下我们极力想隐藏的、最内在、最真实的个人身份。

德勒兹和瓜塔里反对这种想法。**身份是政治性的，因为它是通过我们与他人之间的关系来产生的。**身份也不全然是5 内在性的，它也有外在的方面。各种暂时身份都是我们的身份，依照所处时刻的不同，与此情况相关的身份就是合适的身份。所以当我们读德勒兹的哲学时，无须了解他开车的水平或者他指甲的保养情况。[1] 而如果我试图解释德勒兹和瓜塔里的身份时，我无法用寥寥几句解释他们最内在的精髓，然后转而讨论其他方面。我只能讲述他们的行为，他们的行为之一就是使得身份的观念成为一个不确定的问题。从定义上讲，他们即他们所为，这是他们的身份，也切合我们的目的。就我而言，最让人感兴趣的是他们所形成并写下的观念。在本书中，他们的身份是文章的作者、概念的创造者，在接下来的文字和概念中，他们的身份会逐渐显现。

这些文字和概念没有终点。文字和观念刻意呈现实验性，目的是为了看看什么会出现，什么能带来生活中新的可能。因此我们可以看到他们与某一类建筑师的相似：这类建筑师设计的建筑能提升生活，并在生活中进行试验。采取不同方式的其他建筑师和思想家可能不会喜欢德勒兹和瓜塔里的作品。**但有一类建筑师希望被激发来去拓展生命的宽度，这类建筑师与德勒兹和瓜塔里的态度一拍即合，即使理解他们的概念要花费功夫。**

逃逸线

当我们想写下重要的事情时，我们会面临一个困难：我们的大脑在经历事件时的思维状态和诉诸文字时的思维状态完全不同。就美学经验而言，不管是文学的还是建筑学的或者其他艺术形式，艺术作品带来的震撼很难在艺术评论中再现。也许只有当人们出其不意地被震惊、被庄严征服时，震撼的效果才最为强大有效。如果我拜访某人的寓所，看到各种生活设施，我会认为这是一个不错的房子，即使它不过如此。当我跋涉千里去欣赏一个建筑的奇迹，然而无法找到更多，或准确地说，无法找到更不同寻常的东西，那么我会失望。我想感受大地在脚下移动；我希望感受天堂大门朝我打开；或是宇宙秩序重新排列；我希望能感受到海洋；要么至少能让我产生站立在历史悬崖的眩晕；或者，**能让我在日常的普通事物后，突然意识到被忽略的世界**。我感受到的庄严很真实，但叙述这些不会让你感觉到庄严，是其他的事物点燃了我们内心的感觉，然后期待最好的。

即使我从某个建筑感受到震撼，并不等于你欣赏时会有同样感觉。在给建造者的指令中没有下列指令：这儿要一堵墙，要 3 米高，80 厘米厚；在那儿要玻璃嵌板，用二烯橡胶封条，在这些指令中没有魔法。文学同样如此，书页上的文字描述事件，但不同的语境才能产生真正的效果。比如：斯科特·菲兹杰拉德的写作精巧而富有洞察力，但让他成为伟大作家的是他对镀金时代的描述（痴男怨女、花天酒地），他的作品措辞优美，细节丰富，勾勒出内心的虚无，香车华服在希腊悲剧般的表演中充当道具，书中主角的生活华而不实又光芒四射，具有某种史诗般的庄严。用德勒兹和瓜塔里的术语来说，这种"移植"，这种"提升"，来自"逃逸线"。艺术作品产生"逃逸线"。洗个热水澡很舒适，但对我这仅是舒适，而不是一件艺术品。许多绘画、电影和小说就像热水澡，让人产生一种温和的幸福感，但不是急速的气流、热情或者逃逸线。这样的体验在我的生命中也存在，我可不想放弃生命中的这些温和的体验，只为享受冰凉的淋浴或者为了孤独地与伟大的艺术共处。一直选择舒适而非崇高会使人平庸；但与之相反的，**艺术家毅然地实行禁欲主义，则易沾染狂热、酗酒或失眠**（Deleuze and Parnet，1977,50-51）。

> 逃逸是某种谵妄。变得谵妄确实是脱离正轨（就像"déconner"一词，即胡说八道等等）。逃逸线中有各种疯狂的、着魔的东西。魔鬼与神灵不同，神灵确立特征、属性以及功能、领域和规则：它们所设计的均为正规、界限和调查。而魔鬼则是在差异间跳跃，从一个差异跳到另一个差异。
>
> （Deleuze and Parnet, 1977, 40）

德勒兹在叙述巴鲁赫·斯宾诺莎（1632-1677 年）的作品特别是《伦理学》（*Etnics*）时——该书在斯宾诺莎生前并未出版，因害怕由此引起的人身安全问题——他唤起这样的情绪：

> 许多评论家如此敬爱斯宾诺莎，在谈及他时会比作"风"，这个比较恰当不过，而且实际上这个比喻非常恰当。

但我们应该想到的是哲学家 [维克多] 德尔博斯所谈及的
平静之风，还是旋风，或者巫婆之风呢？比如一个来自
基辅的贫穷的犹太人，完全不懂哲学，以一个戈比的价
格买下了《伦理学》，却完全不懂该书的内容，会把斯宾
诺莎比做"巫婆之风"。

（Deleuze, 1970, 130）[2]

这个"来自基辅的人"是伯纳德·马拉默德的小说《修　8
配工》（*The Fixer*）中一个虚拟的人物，这个人物在谈到斯宾
诺莎的《伦理学》时说："我读了几页，翻书时好像有旋风在
我后背盘旋。我一个字也不懂，但我认为，看这样的书就像骑
着巫婆的扫帚飞行，过后我不再是原来的我了。"（Malamud,
1966; quoted by Deleuze, 1970,1）这种谵妄的逃逸非常明
显。斯宾诺莎重新描述事物，带来不同的可能性，并动摇常识
中的稳定秩序。"如果我们用斯宾诺莎的方式，"德勒兹这样说：

我们不会以事物的形状、组织、功能、材料或主题
定义事物。我们会从中世纪或地理学中借用术语，定义
事物的经度和纬度。实体可以是任何东西：它可以是动物，
声音，思维或观念；也可以是语言实体，社会实体，集体
性实体。我们认为一个实体的经度是关于快慢、动静的关
系组，是组成物体之物的关系组，或者是未成形的要素
之间的关系组。我们认为纬度是在每一时刻主导的影响，
即（已有 / 可被影响的）无名力量的强烈的状态。如此我
们就建立了实体的图景。经度和纬度一起构成了本质，即
天生固有或前后一致的水平面，总是变异并不断被改变，
被个体或集体构成并重构。

（Deleuze, 1970, 127-128）

透过生疏的术语，无处不在的暂时性弥漫其间，世界被看作是一个充满可能性的开放的流变，德勒兹和瓜塔里的这种书写强烈吸引建筑师们，召唤他们去寻求建筑的形式。寻求形式的先决条件是没有形式，即延缓拥有形式的条件，然后新的可能性才会出现。如果我们用形式定义一个建筑，那么它不需要设计者，我们已经有了设计，在不思进取的文化中，人们就是这样做的。如果要使文化运行正常，那么大部分时间我们需要用常识行事，并能以常规来看待事物，比如，为了能发出或接受有意义的指令，或准时到达约会，而被委以重任建造耗资巨大的建筑物就包含在其中。德勒兹和瓜塔里的理论对以上无效。**他们能帮助我们的是避开常识**，让我们骑行巫婆的扫帚，这样我们才能把世界看作被无名力量操控的未成形要素，才能进入世界的实质，让我们得以实现未存在的某物。

远离族群

英格兰北部的坎布里亚的山丘壮观美丽，但有点荒凉，那儿的羊群在此已生活了世世代代。它们熟悉周遭，从不乱逛。它们走着熟悉的道路，沿用代代相传的知识。据说它们被"放养"（hefted），这个挪威起源的单词只在这一语境下使用。放养羊对于这一地区的农夫是一个赐福，因为羊群无须建墙圈养。羊群的行动能被预知，狗可以集牧羊群去洗澡或剪毛，但它们更接近是野生动物而非农场动物，因为农场动物需要养在特定建筑里，而且只能在封闭区域吃草，周围是辛苦围成的干石墙。放养羊完全自由，因为它们没想过利用自由。它们不会溜达到大城市或去逛画廊，甚至不会去主道。乡村存在危险，如小石子移动造成的山体滑坡，或者瀑布悬崖，一只随性的羊可能会在此丧命。但放养羊知道它们应当去哪儿，行事就如同它们自己的意愿一样。它们为牧场所限，它们被"辖域化"了。放养羊生活的世界完全被常识控制，毫不复杂，世代相传的智慧让他们安全。如果有一只有哲学感性的羊诞生，它假如知道一条羊群不了解的道路，其他的羊会认为它疯癫、下作且危险。

达米安·赫斯特，远离族群，1994 年

"人们以为他们是自由的，" 斯宾诺莎说，**"因为他们意识到自己的意愿和欲望；然而涉及促发他们欲望和意愿的原因，他们却一无所知"**（Spinoza, 1677b, 57）实际上他们被这些欲望牢牢把握，以为欲望理所应当，认为自己无法控制欲望。已有的行为准则由暴君和奴隶之间的奇特共谋维持，被奴隶接受并强化：

> 暴君的统治中，最重要、最基本的秘密就是欺哄从属、掩饰恐惧，因为这会制服他们。穿上似是而非的宗教外衣，如此一来人们会为了争取奴役而战斗，其勇敢程度匹敌为争取安全的战斗。人们为了某一暴君的荣耀敢冒生命之险，不以为耻反以为荣。

> （Spinoza, 1677a, quoted by Deleuze, 1970, 25）

后来，德国浪漫主义哲学家弗里德里希·尼采（1844-1900年）进行了对于这一问题的研究，特别是在《善与恶的彼岸》以及后续之作《道德的系谱》（该书的开篇之语："我们不了解自己"）中。我们应该注意：德勒兹不仅写了关于尼采的书（实际写了两本），而且在他关于斯宾诺莎的书中，尼采的名字出现在卷首语中。在第一次德勒兹和瓜塔里的合作写《反俄狄浦斯》时这一理念走得更远，在本书第2章中可以看到，不过这一理念应该没人注意到（怎么能注意到呢？），在人类欲望的研究领域占优势并使得研究成形的是西格蒙德·弗洛伊德（1856-1939年），而当《反俄狄浦斯》在1972年出版时，弗洛伊德在法国知识界正声名显赫。德勒兹和瓜塔里的书名表明问题与弗洛伊德有关，因为正是他假设了一套无意识的欲望，并把它命名为"俄狄浦斯情结"作为未确认的基础来解释行为。不过在这一点上德勒兹还热切关注另一个人：苏格兰哲学家，大卫·休谟（1711-1776年）。

双陆棋

休谟是德勒兹第一本书的主题，他关于"自我"的构想在此发人深省。对于休谟，自我是一个非常短暂的概念，当他以缜密而哲学的方式仔细思考这一概念，他就没法让自己相信它。但是：

> 最幸运的是，当这情形发生时，本性可以驱散理性无法驱散的疑云，足以治愈我哲学的忧思和谵妄，要么放松我怪癖的思维，要么以嗜好或者感官上的强烈感觉让假想的怪兽消失。我吃饭，玩双陆棋，交谈，与朋友

愉快相处，三四个小时的娱乐之后，我将回到我的沉思中，
它们显得如此冰冷、不善而荒谬，让我无心沉浸于其中。

（Hume, 1739, 269）

休谟可以在常识中寻求避难所，当他不研究哲学时，他发现和其他人一样说话很舒服。他不确定哲学是否对他或其他任何人有益，但至少他知道他浸入常规思维时他很愉快。这里再次出现了哲学家禁欲的生活方式和社交世界的选择，但休谟也明白必须在两个领域游走。在哲学写作中，他仍旧保持非凡的怀疑主义视角，其他时候他则跟上社交世界。他决意如此，而这也是维持健康心智的方法。所以可以看到休谟在很早以前，早在 18 世纪中叶，就刻意带上哲学的面具，但如果另一个面具更好服务于他时，他就同样刻意地把哲学面具丢弃在一旁。尽管不太确定休谟所言，我认为他对于自我的感觉是政治性的，仿佛确实在他和他人的接触中产生。当他自我隔绝时，对于自我的感觉是不确定的，但当他与其他人接触，对于自我的感觉又回来了，他又找回了舒适。身份是相互关联的。这一过程也随着休谟的写作中各种人格的出现而进一步深入，这些人格在他的对话中说出休谟的语言。在一些片段中，如一个朋友拜访他，"休谟"，即讲述者，无法支持朋友的准则，然而他发现这些准则很有说服力，所以人们可以想象休谟的观点更接近这个"朋友"而非"休谟"（1751, section XI）。两百年后的德勒兹和瓜塔里这样做被看作后现代（"既然我们每个人都有多个身份，那么就有一大群人"），但休谟这样做就被视为很传统。他的对话以西塞罗的对话为模式，因此人们不清楚角色的哪些观点是西塞罗的。在哲学中，对话形式可以追溯到柏拉图，在偏执狂与苏格拉底的对话中发出不同的观点。但除非我们认定这些对话真的发生过，认

定柏拉图就是雅典学院的记录秘书，否则这些只是柏拉图腹语式的表演，他采用不同口吻只是为了让他的观点被人理解，虚构的再加工，评论、争论合而为一，这些几乎和真实发生的一样，就如同戏剧性的重构，既真实又巧妙。

解域化

    回到放养羊的案例：当休谟采取他的社交人格时，虽然很容易也很自然，但他参与聊天和双陆棋实则是被爱丁堡的社会舒服地放养。他被限制在地域中，知道在族群中如何行事，而且这样做让他感觉良好。然而，他也可以跳出来。他的哲学思维是一种解域化行为，让他跳出爱丁堡，跳出欢乐的世界，进入一个他甚至无法向他邻居描述的世界。各种人格会多次重新进行辖域，这些性格基于这样的思考，他们属于这儿或那儿。仿佛我们的羊偶尔或因为短暂发疯而偏离了族群，被放养在新的地方，某个月球的田野上。禁欲的状态如果成为一个非常强的习惯时，会让此状态下的受害者狂躁、酗酒或失眠，这就是（能做到）解域化。休谟经历了解域的冒险，回来告诉我们，他如同迷途之羊，一旦他返回安全的家，就放松下来，思考是否值得冒险。这只是他说说而已，像众人一样说话让人感觉自在友好。他总是会回去冒险，那是他的一部分，驱使他寻求解域的兴奋，他发现当发生事情时，他迄今为止用文字能说得极其清晰，但在同伴中他却缄口不言，尽管他与同伴们相处甚欢。有些现在能读到的文字在他死后才出版，在读者间产生了"逃逸线"，而双陆棋带给他的舒适却只留存于书页。对于解域化的休谟（哲学身份的休谟），"自我"是无法确定把握的；与之相对的是社会中的他，"自我"可以自信地把握，却无自我意识。在常识组成的俗世中，他的哲学心境被视为心理疾病，不再关注哲学或分散注意力，疾病就自然痊愈：

> 哲学置我于绝望的孤独中，让我恐惧而混乱，让我想象出一些从未在世间出没的奇形怪兽，被驱逐出所有人类的活动，只有被抛弃的郁郁不乐。我可以开心地跑向人群寻求庇护和温暖，但我无法调和我心灵的畸形。我召唤他人与我一起，好组成一个单独的团体，但没人愿意倾听。每个人都拉开距离，害怕从各方面敲打我的风暴。我遭受来自形而上学家、逻辑学家、数学家甚至神学家的敌意，对我必须承受的侮辱，我会惊奇吗？我宣称不赞同他们的体系，所以就不出意料看到他们对我的体系和我个人的仇恨。当我看向海外，我能预想每个方面都会有争论、反驳、愤怒、诽谤和污蔑。转向我的内心，我看到的也只是怀疑和无知。整个世界联合起来反对我、驳斥我，因为我的弱点就是，没有他人的支持和认可，我就认为自己的想法松散不成形。我走的每一步都犹豫不决，我对于每一个新想法中可能的错误和荒谬的推理都胆战心惊。
>
> （Hume, 1739, 264-265）

14

休谟通常被认为是英国最伟大的哲学家，现在读到他的这些疑虑颇为感人，但当时发表这些并不明智，当时他还是个年轻人，希望在大学任职，却从未实现。德勒兹和瓜塔里也以同样的方式说过反常但却紧密相关的事情，并坚持己见。在这种时候，人们能看到德勒兹的朋友米歇尔·福柯（Michel Foucault）的声明对他们的价值：**"也许有一天，这个世纪将被称为德勒兹的时代"**（Foucault，1970，165）。声明不管多么不准确又滑稽讽刺，重要时刻这是一种支持的声明。这句话经常被重复，大部分也许在出版商推销书的广告中使用，但很少有人意识到它的荒谬性。德勒兹更像是恶魔而不是可能的神，是违法者而不是立法者，是游牧民族的战争机器，而非国家的战争机器。如果解码他跳跃的思维并将之程序化——他偶尔也会这么做——恶作剧和活力不复存在，思维的魅力也随之消失。长时间学习哲学史后，他说：

> 但我以各种方式进行了补偿：首先，我专注于哲学史中对理性主义传统提出质疑的作者（我发现了卢克莱修、胡梅、斯宾诺莎和尼采之间的隐秘的关联，对消极的批判、欢乐的培养、内在的仇恨、力量与关系的外部性、权力的退出等等）。我最厌恶的是黑格尔主义和辩证法。我写康德的书不一样，我喜欢这本书，写它是试图说明敌人的系统是如何运作，各种齿轮如何运转：理性法庭，能力授权（我们屈从于那些人类立法者建立的更伪善的系统）。但我想当时我学习哲学史主要是把它看作是一种对纯洁概念的鸡奸（或类似）。我觉得自己鸡奸了作者，然后把一个可能是他亲生的、怪物似的孩子塞给他。是他的孩子这一点非常重要，因为作者所说的正是我让他说的。但这个孩子也注定了是怪物，因为它是我把书中内容位移、滑脱、错位、偷偷排放得来的产物。我关于伯格森的书是个很好的例子。现在有些人嘲笑我，仅仅是因为我写了关于伯格森的书。这表明他们不了解来龙去脉，他们不知道伯格森从一开始就在法国大学体系中激起了多少仇恨，也不知道他是如何成为社会各界各种疯狂和非传统人士关注的焦点，尽管他本意并非如此。

（Deleuze，1990，6）

因此，社会的叛逆者认为伯格森是他们的一员，反对快乐生活的准则。固守道德的康德有一本篇幅不大的书，里面有一些东西被德勒兹解读为"能力的教条"，它使用了两个负载词，这不仅意味着康德关于"能力"概念的教条，也可以翻译为"大学的教条"，而这些文字游戏暗示着康德后来的精确概念即将成形。德勒兹曾被大学雇用这一点也颇具讽刺。他曾在巴黎第八大学（万塞纳区）任教，这个机构极端自由（自我标榜为反大学），是法国教育系统的一个异类。该机构响应1968年5月著名的学生骚乱"事件"（les évènements）而成立，瓜塔里曾深度卷入骚乱中。1968年瓜塔里找到德勒兹，他们开始合作写《反俄狄浦斯》（1972年）。瓜塔里不如德勒兹狡黠，1973年，他因"违反公共道德"而被起诉，当时他出版了一期《探寻》杂志的特刊，名为"30亿个变态：同性恋的大百科全书"（Genosko，2006）。他作为精神病学家的职业生涯也同样有争议。他和让·乌里（Jean Oury）于1953年共同创办了一家实验诊所并为此工作，在当时被毁的拉博德城堡里（位于巴黎以南1000公里处卢瓦尔－谢尔省的库尔舍韦尼地区），他们试图让病人获得能力，而不是让他们消极镇定。当德勒兹和瓜塔里一起工作时，他们发现他们所做的是自己单独无法完成的，尽管他们有着共同的态度。

> 我们意识到，两个人的写作方式不是问题，这反而让写作精准。精神病学书籍甚至精神分析书籍让人震惊的一点是，在诊断为精神病人的陈述和医生的报告之间普遍存在的二元性，即"案例"和案例的评论……现在我们没有想过写一个疯子的书，但我们写的书，你不再了解、也无须了解是谁在说话：是医生、病人还是一些现在、过去或未来的疯子…写作的有两个人，但奇特的是，我们试图超越这种传统的二元性。我们两个人都不

是疯子，也不是医生：如果我们要揭示精神病医生和精神病患者无法复原的某个过程时，我们就得两个人都是医生和病人。

（Deleuze, 2004, 218-219）³

瓜塔里口若悬河，但要把想法组织为书面语言，他还需要一个合作者。德勒兹在哲学概念的工作中谨慎而有逻辑，与瓜塔里相辅相成。两个人有着共同的定位，都提倡自由、生活和快乐，这些被官僚机构、政府和他们一再强调的放养的市民所扼杀。例如，瓜塔里看到的是一种无意识的共谋，一种内部化的镇压，它在连续的阶段起作用，从权力到官僚，从官僚到好战分子，从武装分子到群众本身……这就是我们在"五月风暴"之后所看到的（in Deleuze，2002，217）。这个观点完全复制了德勒兹在斯宾诺莎发现的东西。他在瓜塔里身上发现的是一种躁动的能量：

> 费利克斯是个多面体：他参与许多不同的活动，包括精神病学和政治活动；他从事许多团体工作。他是群体的"交汇点"，就像一颗星辰，或者我应该把他比作大海：他似乎总是在运动，闪耀着光芒。他可以从一项活动转到另一项活动。他不常睡觉，时常旅行，从不停息。我更像一座山：我不太活动，不能同时处理两件事，耽于沉思，仅有的动作都是内在的。我喜欢独自写作，不喜欢长篇大论，但我的研讨会除外，因为交谈另有目的。我和费利克斯相处，如同优秀的相扑选手一样棋逢对手。

> （Deleuze，2003，237）

德勒兹和瓜塔里是谁？从某种意义上说，他们是各自的相扑运动员，是波光闪烁的大海和缓慢起伏的山岳。他们是一种倾向，将坚定的常识分解成更模糊的、带有可能性的本能。他们对欲望持快乐的肯定，只有当我们去除压迫我们成形的压力，我们就会发现这种欲望。他们对已接受的身份和先入为主的概念、经度和纬度进行消融，化作速度、强度和影响。然后，他们带着嘲弄的微笑和闪烁的目光，偶尔以常识行事，成为好同伴。毕竟，像其他人一样说话很友善。

机器

集群

各类机器蜂拥在《反俄狄浦斯》的开篇页上，还有更多人们以前未曾见过的机器，它们自行装配，插电打开，连接断开，加热、呼吸、哺乳：

> 厌食症患者的嘴在几种功能之间摇摆不定：它的拥有者不确定它是进食器、排泄器、说话机还是呼吸机（当哮喘发作时）。因此，我们都是勤杂工，每个人都有自己的小机器。对于每一个器官机器，能量机器在所有的时间提供能量流和中断供给。施雷伯法官的屁股里有太阳光，太阳肛门。此事确定无疑：施雷伯法官感觉到了某物产生了另一物，并且能够从理论上解释这个过程。某种东西产生了：这是机器的效果，而不仅仅是隐喻。
>
> （Deleuze and Guattari, 1972, 1-2）

这篇文章有些声名狼藉。"费利克斯认为我们的书是写给年龄在 7 岁至 15 岁之间的人的。"德勒兹说，"理想状态是这样，因为这本书仍然太困难、太高雅，而且妥协太多了。我们无法使它更加清晰、更加直接。然而，我只想指出，对于喜欢的读者来说第 1 章很困难，但读它不需要预先了解什么知识"（Deleuze, 2002, 220）。瓜塔里的说法表明：接受本书的人正是易受影响的年龄。它绝对要求读者打破既定的常识思维模式，如果我们认为这点除了让人烦扰，还让人兴奋，

那么我们就需要接受这样的想法，即这本书正打开一个我们
渴望了解的世界，而不只是被它惊吓，年轻人比老家伙更容
易受到惊吓。然而，正如上文引述的段落所表明的那样，很
明显，除了"父母指导"警告的内容，它还含有大量的影射。"太
阳肛门"是指乔治·巴塔伊（Georges Bataille）的一篇超现
实的演说文本。这是一个粗略的影射，即使在阅读了巴塔伊
的文本之后，我们也不太清楚为什么会有这样的影射。也许
是因为当时该文本"很流行"，或者是因为德勒兹和瓜塔里一
直在读巴塔伊——他们确实读过，他们后来严肃地引用过《被
诅咒的股份》（1949 年）。然而，在《反俄狄浦斯》的文本中，
太阳被视为实体和机器。在巴塔伊的文本中，与《反俄狄浦斯》
有强烈共鸣的意象之一是蒸汽机活塞性征化的形象：旋转和性
行为是两个基本的运动，机车的车轮和活塞表示两者的结合。
这两种运动相互转化，一种转变成另一种，似乎地球上多样
化的性行为使地球转动，或者相反，**地球的旋转是驱动活塞
耦合的动力**（Bataille, 1931）。火山是地球的肛门，如果我
们把太阳看作机器，它产生阳光就像人体产生排泄物一样。
这个想法既没有在德勒兹和瓜塔里的文本中阐明，也没有在
巴塔伊的文本中详细阐述，但在我思考这些文本时，它在我
心中成形了。书就像机器，当我和它连接时，它在我头脑中
产生了我本来不会有的想法。

施雷伯的案例

德国法官施雷伯（Schreber）发表了一本自传描述对他
的迫害，徒劳地试图让其他人相信他神志清醒（Schreber,
1903）。简略引用如下：

施雷伯确信上帝选择了他降生新的救世主，因此他变成了女人的身体。他还认为他遇到的每个人都死了，他的所听所见只是转瞬即逝的人像，是上帝派来嘲弄和诱惑他的幽灵。当他再也不能忍受不断挑衅的声音时，他尽可能地大声尖叫，这惹恼了邻居们，特别是晚上，于是他们认定他必须受到管制。案例很清楚：他患有急性偏执狂，其主要症状是精神错乱。[……但是]，当他开始写他的回忆录时，这些症状就减轻了，即使他没有宣称放弃他的精神错乱的信念。他写回忆录是为了说服那些把他送进精神病院的人，并为了向更多听众陈述他的信念。

（Lecercle, 1985, 1）

施雷伯因其病症广为人知，因为弗洛伊德对他的文本感兴趣，并在他的"个案史"（Freud, 1911）中对它进行了分析。这与德勒兹和瓜塔里的文本有何关系？要点在于文中的影射很有意义，因为它们让读者探寻最不同寻常的材料。如果我是一个"典型的"易受影响的青少年读者，当我读到这些之前从未接触过的文本时就会非常激动。然而，在开头几页中提出的主要观点是，将身体（和任何牵涉的头脑整合在一起）看作是一台机器或一群机器，然后追问'某种效果由什么机器能够产生？一台机器能用来做什么？'（Deleuze and Guattari, 1972, 3）。这样，他们提出的分析是完全务实的。它有用吗？我们能用它做什么呢？这是建筑师最常见的问题，相当直截了当。太多事物出现在视野中会让事情复杂。我们可以问一个关于身体或生命的问题。我们可以要求他们城市做空间或山景。请记住德勒兹和瓜塔里对身体的定义：它可以是一个动物，一段声音，一种思想或一个想法；它可以是一个语言材料，一个社会体，一个集体。我们可以问木板或钢梁的问题。一个机器的产物是另一台机器的原料。如果我们问木板"是否有用？可以用来做什么？"，我们可以得到一组答案，但是如果我们问树的此类问题，我们不一定会从木板开始。（但如果我们问建筑商存货中的供应问题，那么问木板显然是个好主意。）一切都息息相关（正如斯宾诺莎所教导的），身份的边界通过互动和习俗形成，它们构建了框架，不管我们是否注意到了这个过程。它们不是自然形成，也不是显而易见（就像我们在休谟那看到的），但如果我们深深地沉浸在常识中，那么我们可能会认为它们是自然的，就像一只超乎寻常拥有自我意识的放养羊可能会认为它是自由的一样。**"精神分裂的实质就是生产的过程。"**德勒兹和瓜塔里这样说。

> 很可能在某种程度上，自然和工业是两种截然不同的事物：一方面，工业是自然的反面；另一方面，工业从自然中提取原料；还有一方面，工业把它的垃圾归还给自然，如此等等。即使在社会内部，这种特有的人—自然、工业—自然、社会—自然关系也负责区分相对自主的领域，即生产、分配、消费。但总体上，从其形式结构的角度来看，这种完全的区别（马克思曾论证）不仅以资本的存在和劳动分工的存在为先决条件，而且也以虚假意识为先决条件，认为资本家在整个过程中必然获得资本及假设的固定元素。事件的真相——即存在于谵妄中的耀眼而朴素的真理是——没有诸如相对独立的范围或回路这样的事物。
>
> （Deleuze and Guattari, 1972, 3-4）

早在 18 世纪，亚当·斯密（Adam Smith）就曾提醒人们注意将劳动分工成专门任务的方式，从而大大提高了生产率。卡尔·马克思在 19 世纪写作的时候，这一经验在工业制造中得到了非常彻底的实施，因此，制造产品的许多操作都可以通过机器来完成（德勒兹和瓜塔里以普通词义称之为"技术机器"），机器可以由那些不了解它们在整个生产过程中所处位置的人来操作。例行任务很容易完成，而不必为它可能产生的深远影响负责。（一个人必须谋生。如果不是我干的，就会有人干。我怎么知道？）德勒兹和瓜塔里从马克思身上学到了一课，即把生产看作是个体之间发生的事情。这样的话，没有人认为有必要为进一步的后果承担责任。如果我是一个建筑师，只是做客户想做的，那么是我还是她承担责任？如果客户只想要市场想要的东西，那么她肯定只是对她的股东负责（对"底线"的关注在于赚多还是赚少，盈利还是亏损。当然，我们想要盈利）。股东不应被简单地定性为贪得无厌的资本家，如今重要的股东是养老基金之类的，他们希望看到他们的投资有一个好的回报，以便让依赖他们的老年人能够有一个体面的生活水平；因此，如果企业不能设法盈利，他们将抽走资金，到其他地方投资。每个人都可以作出合理的决定，但结果可能造成一个地方进行最贪婪的商业开发。**作为一个整体的机器可能让森林变成沙漠，但机器中的每个人脱离机器时，就会好好做事，并会对形势中的抽象逻辑作出响应。**我们可能会期望像政府这样的更高的权力机构采取行动，但如果好好工作的人们和依赖政府的人们不接受政府的行动，就可以取消政府了。**一旦机器装配完毕，他们就有自己的身份和生命。**

机器之书

"由塞缪尔·巴特勒（Samuel Butler）所写的深刻的文本《机器之书》"（Deletuze and Guattari，1972，284）绝妙而清醒地阐述了机器作为有机体的观点。在《反俄狄浦斯》参考和引用的所有文本中，它是直接引用最长的（264-265），而且值得全文阅读。[1] 巴特勒的观点是：机器有自己的生命，它们不是有机体的事实不影响此观点。"在大黄蜂（且只有在大黄蜂）的帮助下红三叶草才能繁殖，会有人说红三叶草没有生殖系统吗？不会。我们每一个人都是从微生物分裂而来，它们的实体与我们自己的完全不同……这些生物是我们生殖系统的一部分，那么为什么我们不是机器的一部分呢？"（Butler, in Deleuze and Guattari, 1972, 285）[2]

德勒兹和瓜塔里发现一组强有力的关系并反复使用，这组关系是黄蜂和兰花之间的关系，更确切地说，是黄蜂－兰花和胸腺嘧啶黄蜂之间的关系。兰花的一部分已经进化得非常接近于黄蜂的雌性，当雄性黄蜂试图与之交配时，它就会沾上花粉，并将花粉传递到下一个吸引它的黄蜂兰花中。在电影《剧本改编》（2002年）中，黄蜂和兰花难以区分，就像电影的主角和他的孪生兄弟那样难以区分（见下文）。[3] 每当德勒兹和瓜塔里提到黄蜂和兰花时，他们似乎总以为我们以前听说过这种配对；不过，他们的观点是巴特勒的观点：这两 24
者的发展相互依存——这是强化的例子，因为植物对其形态的适应使相互依存变得非常明显。黄蜂显然是植物的一部分，所以我们应该把它的"身份"框架架设在哪呢？德勒兹和瓜塔里拒绝划清界限。两者相互连接，是机器生产（繁殖）过程的一部分。同样，巴特勒的"蒸汽引擎"——他那个时代的先进技术——依赖于人类的繁殖和进化。他们不仅依靠工程师来照料、设计和改进机器，还依赖于人类在地下挖掘以找到机器所需的燃料，要提炼铁制造的铁轨是这台机器不可分割的一部分。**该机器由有机和无机部件组成，它们共同构成它的生命，产生它的动力和速度。**既然我们有电脑可以帮忙我们思考，我们似乎比以往任何时候都更依赖和牵连到机 25

电影《改编剧本》中的胸腺嘧啶黄蜂（neozeleboria cryptoides）和黄蜂兰花（chiloglottis trilabra），斯派克·琼泽（Spike Jonze）执导，2002 年

器的生活。有时，它们似乎可以主宰我们的生活，因为除非它们向我们索求指令，我们不会自己想到。这种轮班工作模式是理查德·阿克赖特在 18 世纪 70 年代发明的，用以维持他昂贵的棉织机持续生产（Fitton，1989）。这似乎标志着人与机器之间力量平衡开始转变，在这种情况下，机器的需求似乎超过了人类的需求。其中一个人想起了拉斯金的溺水者："最近，在一艘加利福尼亚船的残骸中，船底发现一名乘客，腰上系了一条带着 200 磅黄金的皮带。当他下沉的时候，是他拥有黄金还是黄金拥有他？"（Ruskin，1862，210）。**我们为机器工作，还是反之？我们怎么才能知道不是反过来的？机器会同意吗？**现在轮班工作已经成为生活的一部分，并且有各种各样的实用网站解释如何处理它。现在处理这个问题的一种方法是把工作分散到世界各地，分配给不同的时区，这样在我放松和睡觉的时候，世界的另一边思考要完成的任务，当我早上再次开始工作的时候，我可以拿到我所需要的信息。事物之间的连接变得至关重要——引擎和工程师之间，黄蜂和兰花之间，分布式办公网络的工作人员之间。既然我们经常通过网络进行电子连接，就不必对连接赘言；但它们的重要性不容低估。新的身份和主体通过连接形成。

同大树一起倒下

德勒兹和瓜塔里提倡的特殊网络结构是根茎—— 一种能够任意分叉出新梢的植物结构。他们用它作为树形结构的对比，在树形结构中，所有的东西都是从一个中央树干分支出来的，小树枝从较大的树干分支出来，如此这般，然后回到坚固的核心。这被看作是一种权力集中的形象，或者说不仅仅是一种形象：它是一种集权的模式，是一种真正付诸实际的行为。树木通常会受到环境保护报道的关注，令人惊讶的是，它们遭到了如此严厉的谴责。

奇特的是，树主宰了西方所有的思想和现实，从植物学到解剖学，符号学、神学和所有哲学……根—基础，"Grund"（基底）、"racine"（根基）、"fondement"（基础）。西方与森林和毁林有着特殊的关系，在森林之中所开辟的土地种上种子植物，这些植物是由一种基于树形谱系类型的耕作所产生的；而在休耕地上所进行的畜牧业则选择的种系构成了整个动物树形谱系。东方则呈现出不同的形象：与草原和花园（或在某些情况下与沙漠和绿洲）有关，而不是森林和农田；通过个体的碎块来种植块茎；被限制在封闭的空间的圈养动物居于次位，或者动物被放养到游牧民族的草原上……东方，尤其大洋洲，是否针对树形模式的每一个方面，都提供了一种对立的根茎模式？安德烈·奥德里古（André Haudricourt）甚至把这看作是东西方道德和哲学对立的基础，西方尊崇超越性，而东方则重视内在性：播种和收割的上帝，相对于改种和挖掘的上帝（改种分支与播种对立）。[4] 超越性：一种特殊的欧洲疾病。东西方的音乐不一样，大地的音乐各不相同，性也各不相同：种子植物，即使是雌雄同株的植物，也会使性屈服于繁殖模式；另一方面，根茎让性得以从繁殖和生殖解放出来。在西方，树已经深植在我们身体中，甚至让性僵化甚至分化。我们已失去了根茎或草。

（Deleuze and Guattari, 1980, 18）

27　　因此，这些思维习惯一旦植根于我们思维中，就会主导并折射我们对这个世界的看法以及应对之道。两卷本《反俄狄浦斯》和《千高原》反复提及，"资本主义和精神分裂症"是如何卷入生活的各个方面的，到目前为止变得越来越清楚了。**它不是一系列教条，甚至不是一系列问题，而是一套价值观。**这是一部伦理学著作，基于内在性而不是超越性，与斯宾诺莎的伦理思想有着很强的联系。《反俄狄浦斯》的开篇中"欲望机器"地位显著，这种机器在我们不察觉时产生欲望，再让我们注意到欲望，并作出反应。但是作为产生意识的机制，欲望机器可以从不同方向拉拽并产生不兼容的愿望，这可能在潜意识状态中就得以解决，或作为冲突的意识欲望浮出表面。在成千上万的机制产生接近意识水平的效果时，我们才会意识到它们，而后发生的是一种微观政治——成千上万的根茎连接，没有任何明确的限度或终止，也不需要通过一个中央树形枢纽。行动的规模从潜意识的"子个体"，即欲望机器的集群，到社会群体或人群，参与者的某些方面联系在一起，产生不同于任何个体身份的群体身份。群体能做个体的人不能做的事（Canetti, 1973）。个人之于群众，犹如欲望机器之于个人。但人们可以认为，个体的欲望机器在群体中集合在一起能产生团体身份。群体是实体。在个体行为中发挥作用的某些机制在群体中会莫名跳开，变得与群体无关，因为

28　　机制的失效而无法制止群体行为。所以"个体"的观念很成

问题，我们认为它是高度可分割的。然而，"个体"的观念深深扎根于我们的语言中，如果我们试图解释自己，我们可能会发现它是最直接的词。如果我们试图与其他人联系，我们需要能够不时地让自己像其他人一样说话。当我们跟随德勒兹和瓜塔里深入他们的世界，像其他人一样说话变得越来越困难，因为每个"直截了当"的话语从另一个角度来看似乎都不准确。

抽象机器

德勒兹和瓜塔里的思维方式是最实际的（"一台机器，它能用来做什么？"，1972，3），他们追求更高的通用性。一群相互关联的欲望机器组成我的心理意识，个体心理组成群体心理，如果我认识到这两种模式相同，那么我就会认为两者工作机制一样。机器产生效果的机制很重要。具体的东西工作，抽象的东西产生效果。我们遇到或听闻不同的人或者不同的特定人群，就会产生不同的效果。当我们行为冲动不合理时，我们就会注意到这一机制，比如依恋爱人时，或无法专注于必需但又枯燥的任务时。从冷静理性的角度来看，古迦太基女王迪多在埃涅阿斯离开她后自杀是很不明智的，她本可以通过咨询专家进行补救（尽管她就无法再享有浪漫的盛名）。**叫沙隆的野姑娘并不想吃她的妹妹，但她还是忍不住要吃**（Ballantyne，2005，112）。个体很少失去控制，群体则会失控，无论是足球观众、纳粹集会，还是狂奔并撕碎俄耳甫斯四肢的巴克斯的女祭司。这些例子各不相同，但机制大致相同——政治在各个部分之间建立的联系，这是一种分散的政治，因此，尽管其他部分有不同的倾向，人群的不可阻挡的意志或者我不可控的冲动仍旧会按照机制采取行动。德

29

勒兹和瓜塔里尤其反对柏拉图在他的形式理论所主张的观点，即抽象机器存在于具体案例之前（Deleuze and Guattari, 1980, 510）。抽象机器总是体现在一个又一个的事例中。

内在性

上面提到的两极，内在性对超越性，是德勒兹和瓜塔里作品中的一个重要主题。内在属性存在于物体本身，并一直存在，虽然只有特殊的环境才让属性变得明显。超越的属性来自外部，通常来自神性或精神世界。某个夏天，在收获的田野里，天气异常炎热，纹风不动、酷热难当。田野上铺满了麦茬和稻草，尘土飞扬的枯叶已经凋零了。因为正举办着集市，人很多，集市上有一台马力脱粒机，还有一场乡间舞蹈表演，但天气太热了，人们有点心不在焉，宁可拿着冷饮坐在阴凉处。阳光无情的照射让地面温度极高，某个东西吸引我的眼球，**灰扑扑的树叶似乎正在成形，它们在地面上排列成一条很长的直线，一端扬起**，看起来有点像绳子，上端紧绷。它开始穿过田野，更加竖立起来，很明显变成了一个小型龙卷风。它裹挟着干枯的植被，保持竖立的柱状体，可能有 6 米高。它来到田边，猛力搅动树上的树叶，然后散开，没有痕迹地消失了，树木上的叶子恢复了平静；阳光曝晒下，没人注意到发生的事情。

当时的情况很有可能产生小型龙卷风……我推断，空气中一定有对流，产生了一个强烈的向上气流并开始扭曲，水从一个塞孔向下旋转的原因与此完全相同。此类事一直发生，没人注意，这可以解释为现象存在于条件中。另一方面，在安德烈·塔尔科夫斯基的电影《镜子》（1975 年）里，我会看到这一幕：一片草木茂盛的静谧田野，四周是树木，突然间狂风来袭，席卷四方，而后继续向前。没有讲解也没有人告诉我们该怎么理解这一幕。但不知何故，人们会有这样一种感觉：**场景具有重要的精神启示：天降福祸，一种超验的解释**；它是"超验风格"电影的很好的例子（Loughlin，2003）。

不知怎的，当我遇到小旋风时，超验并不是我想要的解释。这可能是因为，在《镜子》自然主义的外表下，事件如此出乎意料和强大，看上去是超自然的力量。然而效果是直升机的向下气流形成的，注意 DVD 里的附属资料片中，你会发现没有出现在电影中的直升机的影子。电影没有拍到直升机，它发出的噪声在声带上被替换为自然的风声。因此，的确有一种超越的操作——电影制作人的手扮演机器之神。自然界会有意外，但没有"特效"。

斯宾诺莎被阿姆斯特丹的犹太人社区逐出教会，因为他说上帝本质上是内在的。因此，他与内在性的思想牢牢联系在一起，这就是为什么德勒兹和瓜塔里有时喜欢称自己为"斯宾诺莎主义者"的原因。科学在分析"发生"时会讨论内在性。发生的属性被允许在系统内发展，有趣的是，当它们无法被编码到外部条件中时，它们就是意外属性。因此，内在性和发生性是同一过程的不同方面，使生成属性和产品连接。例如，**尽管单独的细菌无法在迷宫中找到最短的路径，一群黏液霉菌，一种没有明显的大脑类阿米巴有机体就可以做到**。作为一个团体的黏液细菌能做到，不是因为它们听从超自然力量或灵魂指导。它们的行为可以电子建模，电子模式的美妙处在于人们能确切知道要给出什么生成属性。他们所要做的就是用他们极其有限的感觉器官对影响他们的刺激作出反应，特别是来自周围其他黏液霉菌生物的刺激。就个体而言，它们不能做任何类似"思考"的事情，但作为集体就可以（Johnson，2001，11-17）。大脑的工作方式与此相似，这点从马文·明

31

斯基（Marvin Minsky）的一本书的书名中可以看出：《心智社会》（1985 年）。明斯基的作品是关于人工智能的，在这本书中他列举了一系列简单得惊人的决策或"认知"行为，当大量的行为连接在一起时，大脑就能做"思考"之类的事。他最近出版的书《情感机器》（Minsky，2006）进一步阐述了这种想法。他认为，人类是一台情感机器，计算机也可以是一台情感机器。我们的头脑远不是"个体"，而是多种行为合力工作，如同某种社会。**我们完全是政治性的，哪怕是小到不能被称之为"思想"的身体无意识反应，**或者促发反应的事物（可能在我们的身体之外），都是政治性的。

网络

德勒兹和瓜塔里早在在 20 世纪 70 年代初[5]就认为互联网很重要。人们只是在互联网显示文化的重要性后，才开始对它兴趣暴增，20 世纪 80 年代晚期互联网流行后，人们更是如此。互联网的观念曾经晦涩难懂，但在今天的日常生活中却显而易见，因为我们作为某一特定群体的连接变得更加明显，通过这些连接来构建我们的身份。国际政治中，人们反对集中的树状结构，认为电子网络的影响能给本地赋权和帮助。德勒兹和瓜塔里的不同之处在于，网络将这些大规模的网络与身体中的网络以及身体之间的网络连接起来，这样我们就开始把诸如气质和身份这样的东西看作是在初始条件下机器内在的产物。物质、环境和发生的意识都与周围的事物联系在一起，并最终与所有事物联系在一起，为思维提供政治和伦理层面。《资本主义和精神分裂症》的思想有时似乎

是科学知识，有时则是疯狂的联想、诗意的印象或疯狂的猜测。但更重要的是，它是概念性的。这是一种非常持续而有力的

概念表达（我们不可以把它与柏拉图的超越性思想混淆，它不是"思想"，而是绝对的"概念"），这些概念已经被证明是富有成果的，远没有穷尽。

主体

　　德勒兹和瓜塔里的分析对身体的看法也是广泛的。如果我们从机器的角度来看待身体，那么——正如塞缪尔·巴特勒所指出的——我们不认为，身体能做的事情就得仅限于身体有机部分能做的，这是没有任何意义的。如果我拿起铲子，我能挖得更好，如果我用望远镜看的话，我能看得更远，这些假肢扩大了身体的能力。我可以放下它们，把它们丢在一边，但当我需要它们的时候，它们就会成为我的一部分——成为挖掘机的一部分，或者是观察机的一部分——在某种程度上，如果我使用它们，它们就永远是我的一部分。事实上，如果我习惯使用它们后又无法得到，我就会感受它们的缺失，感到自身的残缺，就像我失去了一只手或一只眼睛一样（但不那么痛苦）。

　　西方建筑长久以来习惯于以建筑物反映人类的形态（Rykwert，1996）。但我们的人类形态是什么，在任何时候、任何地方都不是统一的。西方建筑的高雅文化倾向于把理想的人体比例分离出来，并认为将比例应用到建筑设计中，就能把一些基本和重要的东西从人类形态中转移到建筑形式上。维特鲁威（Vitruvius）在人形周围刻了一个正方形和一个圆圈，这些形式被认为体现了人类形体的重要内容，但从表面看，人体既不是正方形，也不是圆形。**文艺复兴时期的与人体比例重叠的方块格子，变成了教堂的平面图，体现了神赋的比例。在德勒兹和瓜塔里的世界中，身体完全不一样，它会排泄、**

交媾，会从事生产和消费的过程，既有内部的，也有外部的（或者说，内部和外部都是独立的），在很多方面和它自身及它的环境联系在一起。

在其最基本的状态下，它是"没有器官的身体"——德勒兹和瓜塔里将其改编为一个抽象的概念，在许多文本中将它重新辖域化——但它起源于具体的案例。它出现在残酷剧团的剧作家安托南·阿尔托（Antonin Antaud，1895-1948年）最后作品中，"远离上帝的审判"一剧是对美国和上帝的咆哮，带着阿尔托在疯人院里痛苦岁月的伤痕。作品原本要在1947年11月28日进行无线电广播，但被压制下去。[6]"没有什么比器官更无用。如果人身体没有器官，那么他就不会有自动反应，才能恢复真正的自由"（Artaud，1947，571）。因此，没有器官的身体是理想化的状态，在这种状态下，任何事情都有可能。（更接近常识的是，这种身体会陷入昏迷，并有严重的精神障碍。）就像迷途羔羊，远离羊群，没有辖域化和社会化，没有政治或自我。在这个混乱的时刻，它丢掉了世代培养的一部分习惯。阿尔托的例子更激进。他发现自己精神崩溃，没有形状或形体，只是出现在此时此地（Deluze and Guattari，1972，8）。他远离构成他外在自我意识的社会人群，也远离构成他内在自我意识的欲望机器，他的身份消失了。

35　　　这种无器官身体的感觉，强直性的昏厥不是由相互作用、反应或概念构成的，而是由德勒兹和瓜塔里构架的，而且自身解域化，因此它成为易变的概念，通常意味着所有已习得习惯和身份的消除。我们或是玩弄紧张症，或是暂停我们的身份，造出无器官的身体。在充满稳定常识的现实世界里，我们只要重复昨天的习惯就能一切正常，我们走出这个现实世界；我们进入了虚拟的世界，在这里任何事情都可能发生。这就是当休谟从哲学上思考自身时所发生的，他失去了自我的感觉。

施雷伯法官无法概念化他的身体及身体所发生的事情。**"他活了很长一段时间，没有胃，没有肠子，也几乎没有肺，食道撕裂，没有膀胱，肋骨碎了，有时他咽下食物时会把食道也吞下去。但是神圣奇迹（'光线'）总是能恢复已被摧毁的东西"**（Freud, 1911, 147; quoted by Deleuze and Guattari, 1980, 150）。虚拟中，没有器官的身体让我们成为所有，但事实上，我们处于这个状态时什么也不是。为了实现一种虚拟性，我们概念化一些步骤使之成为可能，作为一个没有器官的身体，我们没有概念，所以只要这样，我们就陷入强直性昏厥的状态。虚拟是前可能性的领域，无法想象其他可能性，所以没有可能性指导或预示发生的任何事情。菜汤中现有的材料构成了这道菜，而不由即将有的材料构成。但施雷伯非标准的现实是个特例，让我们了解可能性范围，以及不同时代不同文化对身体进行概念化的不同方式。（see e.g. Feher, 1989）。无器官身体超前并超越于现实的取舍：

> 当你拿走所有的东西，剩下的就是无器官身体。你拿走的恰恰是幻想，主观且自以为是。精神分析则相反：它将一切都解释为幻想，把一切都转化为幻象，它保留幻象。它极大地破坏了真实，因为它笨拙地修补无器官身体。
>
> （Deleuze and Guattari, 1980, 151）

36

没有器官的身体是纯粹的内在（"内在的平面"），里面没有从外部强加的概念性装置——没有任何超验的东西。"难道斯宾诺莎的《伦理学》不是一本关于无器官的身体的伟大著作吗？"（Deleuze and Guattari, 1980, 153）。"所有无器官的身体都向斯宾诺莎致敬"（154）。**无器官的身体是一种创造性的状态，先入为主的观念被搁置一边。这是一个设计成形之前的状态，所有的可能性都是内在的，人们抛弃对设计**

常识性的期望。当刺激或内在痛苦促发逃逸线时，形成物集合在一起，给出初始形式，诸如一个结构，一个细节或者一个主调，设计完全内含在其中，并作为周围各种力量的产物出现。它不是从外部强加的某种特定的形式，而是从内部作用，与物质颗粒、周围的环境和网络一起延伸至最远处。它能以各种方式具象化，既可以在分子水平上，也可以聚集并产生不同的表面效应，使它能被更广阔世界的感官觉察。最能清晰表明这一点的是把房子设计为生活于其中的人的延续体，就像壳是生活于其中的软体动物的延续体。艾琳·格雷（Eileen Gray）说："房子是人的外壳，人的延续，人的精神发散。"[7]住宅使我们可以过着主导的生活。不同的地方、不同的排列，就会有不同的生活方式，有另外的关联、另外的机会和另外的障碍。提到巴特勒，我们也许想问谁不会认为房子是活的东西？房子里居住、生活的机器激活了它，就如同身体的欲望机器激活并构造了身体。类别之间的界限要被划分在哪？德勒兹和瓜塔里重述的逻辑使他们融为一体，居所成为带着他们各自倾向和欲望的实体，正如行为体现出来的那样。我们居住的房子和我们参观的房子都是情感机器，被涉及的人所激活。

房子

千高原

"千高原"是一种不受外界干扰的空间，在那里以相对稳定的方式相互作用。外部条件瞬息万变，内部将相应作出应变。应激现象由此产生，但这个系统并没有被赋予一个超越自身的目的，也不是为了适应外部事物的需要而被阻断。有一种恒久稳定的思想，这样你就可以离开它，再回来，发现它和以前一样。那是与冥想的精神状态相关，或者实际是与精神分裂症相关，因为一个没有器官的身体就是一个高原。德勒兹和瓜塔里是从格雷戈里·贝特森（Gregory Bateson）对巴厘岛文化价值体系的分析中发展出来的，它与西方文化有着深刻的不同之处，因为它倾向于寻找维持稳定状态的方式，并保持力的平衡，而不是以牺牲其他部分为代价来最大化一种价值。[1] 所以音乐用来催眠，而非为了达到高潮；财富用来愉快消费，而非累计储蓄。高原亦是地球的一个部分，在德勒兹和瓜塔里的世界里，这是一个加载了其他含义的术语（就像在辖域化的土地上，没有器官的身体会被重新塑造成新的形态）。

除此之外，还有游牧思想观念，通过解域化和发现新的再辖域化而在"地球"上游荡。德勒兹和瓜塔里世界中的游牧思想，并不是在世界各地长途跋涉地旅行，相反，它无需踏出书斋一步。这在很大程度上与那些已经离开辖域的放养羊群的心态有关，而且，只要它失去了方位，就已然成为游牧民族。最常见的情况是，这种解域化会立即被再辖域化所复原，这样人们就可以从一种常识体制转向另一种。在这一转变中，一个人的思想正在变得游牧，如果一个人在这种状态中已然变得"自在"，它就会变得完全的游牧化，从而生成习惯性和身份的定义。然而，以这种方式居于辖域之间，就会存在一些实际的交际上的弊端，因此，在离开某个辖域之前，"参考"这种或那种常识，根据不同场合需要"像其他人一样说话"，有利于与其他人打交道。

39

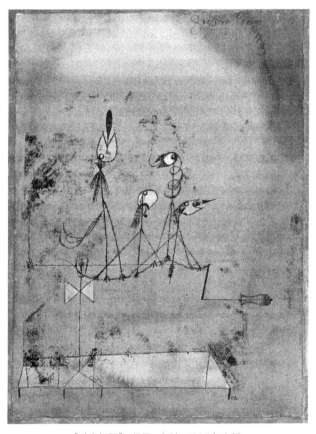

《动力机器》，保罗·克利，1922 年出版

建筑师总是游移在参与建筑的不同领域的人群之间。其中一组人——工程师、工料测量师和建筑商——他们一起工作，共同见证着建筑的建造，每个专业都有其特有的词汇、特定的态度和概念。这些不同的概念组使得每个专业能够配置其自己的专业知识。

此外，还有另一批拥有权益的团体，社会团体的代表——包括城市规划师、大厦管理人员、消防督察等——这些人确保着建筑不会危及使用者的安全，或者对邻居造成不便。他们也有各自的思维方式和说话方式，正如委托建造的业主和使用建筑的人也各不相同。在商业界，除非得到会计师的许可，否则建筑根本不会被建造，并且，按照这些术语成形的建筑，与最终在建筑中工作的接待员、清洁工或官僚所构想的建筑，听起来会截然不同。一个建筑能够被描述和重新描述，以便在不同的角度上都有意义。理想情况下，它将在所有方面都具有意义，但实际上可能结果并不均衡。在德勒兹和瓜塔里的术语中，这些不同的思维方式将建筑物映射到不同的平面上。[在法语中"plan"（计划）和"plane"（平面）没有区别，但德勒兹和瓜塔里的翻译使用的是"plane"。如果他们使用"plan"，那么这个概念的建筑衍生性就会更加明显了。] 用于与客户讨论空间安排的"平面"，不同于向电工发出的用以说明设备布置的"平面"。或者，一个人在建筑结构平面上的描述与在成本平面上的描述有着根本的不同。这些平面是互相交互的，因为如果我改变了建筑的建造方式，那么它将会对建筑成本产生影响，但是在一个平面上作出的改变，并不一定会相应在另一个平面上产生可预见性的变化。

在德勒兹和瓜塔里的著作中，有一个表达式"se Rabat Sur"，意思是"回到"，这是射影几何学中的一个表达式。如果我取一条固定长度的线，以一个与平面不平行的角度穿过 41

空间，那么，我可以把这条线投射到这个平面上，它会以一条比原来更短的线出现在平面上——至于短多少将取决于投射的角度。这就是每次在平面上绘制坡道时发生的情况，或者在立面上显示一堵斜向立面的墙时会发生的事情。所以，使用一个建筑的平面，我可能会把结构的高度增加10层，而在平面上，这种变化可能没有什么明显的差别，只是增加了结构柱的厚度，或许，增加了电梯的数量；与此同时，在另一个平面上——建筑立面——建筑的轮廓将会发生显著的变化。然后，要像德勒兹和瓜塔里那样扩展这个系统，我可以，比方说，在建筑结构框架的建造上做一个改变，从混凝土到钢，它可能会"回落到"成本平面上，有一个小幅的缩减。或者，如果我能够提高电梯的运行速度，可能会显著提高平面的"用户满意度"，等等。这些调动可能是非线性的，就像木偶师的手部运动一样，在舞台下面不会去模仿或做出牵线木偶所做的动作（Deleuze，2003，11）。这很简单；但是，当我们发现德勒兹和瓜塔里不断提到的平面是"一致性平面"时，情况就变得更加复杂了。"一致性平面"是没有器官的身体的解域化平面，是"成为"平面，在这个平面上，我们完全处于常识世界之外。德勒兹和瓜塔里不断被吸引回到这种解域化的虚拟状态，当欲望的机器对其采取行动时，真实就会从中浮现出来。

真实的建筑

建筑是一台机器，与德勒兹和瓜塔里的书一样是一台机器。当我遇到一座建筑时，它会在我体内产生一定的影响——逃逸线、解域化，等等。确切地说，它对我产生的影响将取决于我把它作为我的一部分带来什么——我的经历、我从阅读中获得的想法、这座建筑让我想起的零散图像。这个包袱中有一部分是私人的。也许这座建筑让我想起了我小时候熟悉的一个地方，在那里我很快乐；或者，这让我想起一个地方，在那里我突然遭到了袭击。如果碰巧发生了这样的事情，那么这个建筑可能会对我产生强大的影响，这是我的一个部分真实反应——我的脉搏率可能会加快，我可能会换气过度——就我而言，这可能是反应中无法抗拒的部分；但这样的反应不会有更广泛的意义。这不会是设计师的意图，其他人也不会感同身受。（我觉得这是一种真实的反应——这是我的反应——但你告诉我，这只是我的想象。当然，从某种意义上说，这正是我所做的。我在想象它，但我想象它是因为它对我产生了影响，这也使得它对我来说足够真实。）其他类型的反应是以可以预见或培养的方式出现的。如果我学过建筑学，并且认识到我面前的建筑使用了路易斯·康（Louis Kahn）等人发展出来的形式词汇，我会认为，建筑反映了建筑师的老练和野心。我之所以能够做到这一点，是因为我的生活经历中，有一部分是有意地获得了对这些形式的某种熟悉。如果我没有花时间去做这件事，那么我就会以不同的方式来面对这座建筑，可能会，也可能不会认识到这座建筑的一些特别之处。重点是，这些影响真实地产生了，但它们不是仅仅由建筑产生的。当人和建筑接触时，影响就产生了，人们通过他们的生活经历，包括他们的教育，以不同的方式"准备"着（法语单词更能引起共鸣：他们的"形成"，可以翻译为"训练"）。建筑，就像任何其他艺术作品一样，是一个整体的感觉和影响。英语中的两个单词"体验"（experience）、"实验"（experiment），在法语中是一个词"expérience"（Volirune expérience——为了体验，faire une expérience——进行一个实验），所以在德勒兹和瓜塔里世界中，生活体验也总是实验。一个人对建筑的反应将取决于他认为自己在从事什么——我们在建筑中推断出什么"建筑风格"。以一个非常简单的建筑为例：一个贫穷的樵夫建造的小房子。它是用现成的材料——田野里的石头、森林里的木材建造而成，构造结实而无冗余。约翰·克莱尔（1793-1864年）提及这个房子时说它既朴素又适意。他在一天的辛苦工作后回到家，"去寻找他放在角落的椅子和温暖舒适的小屋炉火"（*The Woodman*，1819，line 135），他宁愿和他的孩子们在一起，也不愿被加冕为英格兰国王。他的妻子是这幅画的重要组成部分，正如他用他的非标准拼写所描述的那样，她让这所住宅发挥了作用：

43 节俭的妻子扒拉完晚饭开始关注
　　家庭的小小琐事
　　斥责她的孩子们到处捣乱
　　孩子父亲赚的还不够他们闹腾
　　她缝缝补补孩子们破旧的衣裳
　　因为体面的主妇无法忍受
　　肮脏的房子和衣衫褴褛的孩子
　　他们的日常事务和主要乐趣就是
　　让床铺和孩子保持干净整洁。

（Lines 154-162）

克莱尔（Clare）出生的那一年，正是法国女王玛丽·安托瓦妮特（Marie Antoinette）被处决的那一年。她曾在凡尔赛宫委托建造了一个村庄的田园别墅，这样她就可以摆脱宫廷生活中的繁文缛节，让自己相信，如果没有别人的话，她也可以作为挤奶女工，以一种简单的生活方式参与其中。

无论克莱尔的樵夫小屋和玛丽·安托瓦妮特的村庄农舍之

间有多少相似之处，我们都可以肯定，它们连接的是不同的建筑风格。回到机器的概念："樵夫－小屋机器"产生的东西与"玛丽·安托瓦妮特－田园别墅机器"所生产的东西完全不同。樵夫小屋是樵夫本人的外壳，是他在这个世界上生存的基本用具之一。玛丽·安托瓦妮特田园别墅是一座农舍式的小别墅，一座装饰性建筑，可能根本就不是一个住所，人们参观它是为了感受它所能够产生的情感效果。事实上，考虑到18世纪文学中赋予挤奶女工的角色，她们的纯真和天真相当于一种卖弄风情的形式（这个角色后来在英国闹剧中被定型为"法国女仆"），玛丽·安托瓦妮特的小村庄肯定带有几分浪漫和情欲的色彩。建筑与建筑风格之间没有固定联系，主要取决于它被装配在哪台机器上。樵夫－小屋是一个世界的中心，在那里人们在炉火旁讲述民间故事。参观这座小屋是为了消遣，或是为了沉思和隔离，是一个幽会和读书的地方。因此，如果把克莱尔笔下的樵夫搬出去，把玛丽·安托瓦妮特搬进来，它将以不同的方式被使用，将构成不同的机器，并产生不同的影响（Arnold and Ballantyne, 2004）。克莱尔的诗可能在更多的村舍里被阅读，而不只是在樵夫的小屋里。在德勒兹和瓜塔里的世界里，艺术有着先于人类的起源；它从房子开始，以歌曲开始：

44

> 也许艺术是从动物开始的，至少是从开辟领地和建造房子的动物开始的（两者是相关的，甚至是同一的，在所谓的栖息地）。领土——房屋系统改变了许多有机功能——性、生殖、侵略、喂养。但是，这种转变并不能解释领土和房子的外观；恰恰相反，辖域意味着纯粹感官品质的出现，即不再仅仅是功能性的感知，表现性的特征的生成，使得功能的转变成为可能。毫无疑问，这种表

现方式已经在生活中广泛发散，简单的百合花田可以说成了庆祝天空的荣耀。但随着辖域（领土）和房屋的出现，它变得更有建设性，并为动物群体建造了仪式的丰碑，用以庆祝品质，而后萃取必然性和因果性。这种纯粹感官品质的出现已经成为艺术，不仅表现在外部物质的处理上，而且还表现在身体的姿势和颜色上，表现宣称领土的歌曲和呼喊声中。不可分割的特征、颜色和声音倾泻而出，从而富有表现力[哲学上的辖域（领土）概念]。每天清晨，澳大利亚热带雨林中的一种鸟类——锯齿叶莺（Scenopoetes dentirostris）会剪下树叶，使它们落到地上，然后把它们翻过来，使苍白的内侧与土壤形成鲜明的对比。这样，它就为自己构建了一个现成的舞台；它站在树叶、藤蔓或树枝上，吹开喉下的羽毛，露出黄色的喉底，用自己的鸣叫，间或模仿的其他鸟的音符，唱出一曲复杂的歌曲：它完全是一个艺术家。

（Deleuze and Guattari，1994，183-184）[2]

德勒兹和瓜塔里讨论了迭奏（舞蹈前奏）在《千高原》中的结构效果：

一个身处黑暗中的孩子，被恐惧攫住，他低声唱歌来安慰自己，随着歌声走走停停。迷路时，他会找个地方躲起来，或者尽可能地用他的小曲指引方向。这首歌粗略地描绘了混沌不安的内心逐渐平静、变得安定的过程。也许孩子在唱歌时蹦蹦跳跳，加快或减慢了步速。但这首歌本身就已经是一个跳跃：它从混沌跳跃到混沌中的秩序的萌芽，随时都可能断开。阿里亚德涅（Ariadne）的线团中，或是俄耳甫斯的歌声中，总有一种铿锵有力的声音。

（Deleuze and Guattari，1980，311）。

外部世界要么被阻挡，要不经过过滤和控制后被允许进入内部，外部的有益事物允许进来，但保护以下的行为：

> 响声或声音的成分是非常重要的：一堵声音墙，或者至少是一堵有声波元素的墙。孩子在做必交的作业时，用哼唱来鼓劲。家庭主妇集结力量整理混乱时，会自己哼歌，或者收听广播。收音机和电视机就像围绕着每一个家庭的隔声墙，标志着辖域（声音太大，邻居会抱怨）。对于一些庄严的行为，如建造城市或制造生命，人们画一个圆圈，更好一点的，会像一个孩子跳舞一样走进这个圆圈，把节奏元音和辅音结合起来，与造物的内在力量相对应，就像一个有机体的不同部分一样。在速度、节奏或和声方面的错误都将是灾难性的，因为它会带回混乱的力量，摧毁造物主和所造之物。

（Deleuze and Guattari，1980，311）

一旦这个"房子"建立起来，人们就可以冒险离开它，与外界交往。人们可以看到迭奏的生成和出现的作用——小调——这是由心跳和血液的流动所决定的；但它也涉及与外界的接触，以及对宇宙的展望。德勒兹和瓜塔里的思想来源于安德烈·勒儒瓦－高汉（Andre Leroi-Gourhan, 1911-1986年）的作品。勒儒瓦－高汉是一位古生物学家，发掘并推测出早期文化现象的出现——实际上是关于人类的出现：其中一些推测与史前人类有关。他在讨论世界的紧急概念时重视节奏现象，例如与最早维护的民居（Leroi-Gourhan，1964，314）有关，并提出了两种不同的空间图式：同心和径向。同心空间是一种固定的辖域空间，它建立了一个中心—— 一个粮仓——围绕着圆圈的概念，并"使我们在保持静止的同时，能够重构建我们周围的圆圈，直到未知的极限"（325-326）。相反，

46

径向空间是游牧猎人——采集者的空间，他们跨越一片辖域领土，提供一个与旅行路线相关联的世界图像（326-327）：

> 我们属于哺乳类动物，它们的大部分生命都是在人类创造的庇护所中度过的。在这方面，我们不同于猴子——头脑最发达的猴子也只是对它们即将过夜的地方作粗略的调整——但与许多啮齿类动物相似，它们精心建造的洞穴是它们辖域的中心，而且往往是它们的食物储存地。……根据一个根深蒂固的科学传统，史前人类生活在洞穴里。如果真是这样，就会使人联想到熊和獾，在像我们人类一样的杂食性动物和食草动物之间作出有趣的比较。但更为正确的推测是，虽然人类有时会利用一些适宜居住的洞穴居住，但从统计数据来看，绝大多数情况下，人类露天生活，而且自从有了建造房屋的记录以来，他们一直生活在建造的庇护所中。
>
> （Leroi-Gourhan，1964，318）

47　　　在德勒兹和瓜塔里关于动物和人类行为之间连续性的著作中也有着同样的论断，这意味着在早期进化阶段获得的机制对我们来说依然有效，当环境将它们组成适当的机器时，这些机制就可以发挥作用。候鸟是游牧的，但鸣禽是辖域的。纪念碑是迭奏（Deleuze and Guattari，1994,184）。大自然，包括人造环境，都是复调的。每个物种都有自己的世界，通过自己的感知、概念和影响来创造；每个物种都有认知自身的模式，并有着它们自己的迭奏；它们的辖域相交交叠。蜘蛛，举个例子，仿佛里面有了苍蝇：

> 人们经常注意到，蜘蛛网意味着在蜘蛛的代码中存在着苍蝇的代码序列；这就好像蜘蛛脑袋里已经有了苍

蝇,苍蝇的"动机",苍蝇的"迭奏"。在其他一些案例中,节奏则是共生的,就像胡蜂和兰花,或者金鱼草和大黄蜂一样。雅各布·冯·于克斯屈尔(Jakob von Uexküll)提出了一种令人钦佩的编码转换理论。他把这些元素看作是对位旋律,每一个旋律充当另一个旋律的动机:自然就像音乐一样。

（Deleuze and Guattari，1980，314）

于克斯屈尔对自然对位的叙述始于他和一位热情的年轻人在阿姆斯特丹音乐厅的一场邂逅,当时他正听马勒(Mahler)交响乐(考虑到它所部署的力量及其主题:"泛舟","田野的花朵告诉我什么","森林里的动物告诉我什么",我猜是第三交响曲),完全沉浸在乐谱的副本中。于克斯屈尔认为这个年轻人正做着一件非常奇怪的事情,他本可以敞开心扉直接聆听并体验音乐,但是这个陌生的年轻人解释说,通过眼睛能够帮助他了解乐谱上的信息,他就能够听到更多音乐的将要发生的信息。"有了乐谱,一个人就可以关注个人声音的成长和影响,这些声音就像大教堂内的柱子一样展开,承载着作品的拱顶"(Uexküll,1934,147)。于克斯屈尔看到了**歌手和乐器之间相互依存的声音——每种声音都有各自的个性,但却共同构成了一个崇高的整体——就像自然生态系统一样运作**,而作为一名生物学家,他自己的任务就是书写出大自然的乐谱。德勒兹和瓜塔里满怀热情地接受了于克斯屈尔的看法:

48

当软体动物死亡时,作为其房屋的壳变成了寄居蟹的对应物,寄居蟹把它变成了它自己的栖息地,这要归功于它的尾巴,不是用来游泳而是可以缠绕的,使它能够占领空壳。蝉虫也是以这样一种方式有机地进行建构：它能够在任何从它身边经过的哺乳动物身上找到对应的寄居地，就像排列成瓦片状的橡树叶在它们头顶的雨滴中找到对应点一样。这不是目的论的概念，而是旋律的概念，我们不再知道什么是艺术，什么是自然（"自然技术"）。当一个旋律在另一个旋律中作为"母题"出现时，就会有一个对应物，比如大黄蜂和金鱼草的结合。这些对点关系将平面连接在一起，形成感觉和块的化合物，并决定着生成之物。然而，构成自然的并不仅仅是这些特定的旋律化合物，不管它们多么普遍；另一个方面，一个无限的交响乐构图平面，也需要：从房子到宇宙。从内在感知到外在感知。这是因为该辖域不只是孤立和连接，而且打开了来自内部或外部的宇宙力量，并使它们对内在居民的影响可见。

（Deleuze and Guattari，1994, 185）

49　　本文结合道格拉斯·霍夫施塔特（Douglas Hofstadter）的著作《哥德尔·埃舍尔》（1979 年）——"思想和机器上的隐喻赋格"，人工智能的基础著作之一，进一步探讨了模式识别在音乐和自然中的重要性。约翰·塞巴斯蒂安·巴赫（Johann Sebastian Bach，1685-1750 年）当然是对位思想的杰出代表，要知道霍夫施塔特的影响如此之大，我们也就不会惊讶于巴赫被卷入其中了。于克斯屈尔对自然的看法得到了德勒兹和瓜塔里的赞同，由此可以推断出自然界中的一种内在的、普遍存在的巴赫式的感性，或者至少在大自然的乐谱上是这样的；我们不应将人与自然分开：普鲁斯特（Proust）认为这是资产阶级社会的产物。查鲁斯男爵（Baron de Charlus）为了追求下一次的性接触[与裁缝朱比安（Jupien）]，一边哼着自己的曲子，一边鼓起勇气，尽管在这一点上，他的目的并不是完全明确的。在下一句中，通过把追逐变成一个小赋格，目的变得更清晰了："查鲁斯先生从大门里消失了，他像一只大黄蜂一样嗡嗡作响，就在这时，另一只，这一次是真正的大黄蜂，飞进了院子里。据我所知，这可能是兰花期待已久的花期，大黄蜂给它带来了期盼已久的花粉，如果没有花粉，它就只能是处子之身了。"接着，兰花又出现了："几分钟后，我的注意力从昆虫的追踪飞舞上面转移开来，因为朱比安 [……] 回来了，重新吸引了我的注意力。"（Proust，1913-1927，4，7）反复出现的迭奏，舞蹈前奏，一段令人心碎的小短语，是由小说中的人物梵泰蒂尔（Vinteuil）创作的。因为这是一首虚构的小调，我们从来没有听到过，但在小说中，当它返回时，我们以一种音乐的方式来认识它，并带来一团记忆的云，在它发生的时候，我们自己就好像那些书中的"人物"。**"我们只需要一点秩序就能保护我们免受混沌"**（Deleuze and Guattari，1994，201）。我们很容易认识到秩序并重视它。当我们认识到某种秩序的时候，我们就会感到安全，同时我们也会把其他的一切都当作是无关紧要的事情来对待。令人惊讶的是，我们很容易受到"阴谋"的影响，这些阴谋论认为在不相关的事件中有一种潜在的秩序，而偏执狂则认为秩序无处不在，被组织起来迫害他。有些时候混沌看上去似乎是压倒性的，但如果我们能够调节自己的生活，让秩序形成习惯就能够帮助我们做到我们想做的事情，然后这些崩塌式的混沌将会经历危机，变得稀少。如果我平时错过了火车，我会感到失望和不便；我可能需要打个电话，但却没有感觉到我们陷入了混沌。但是，当我在去火车站的路上，我开始感觉到我的身体变成了狼的身体，那么——不管我是否恐慌——我会经历更多类似于混沌的事

50

情；至少在我弄清楚到底将要发生了什么之前。在德勒兹和瓜塔里的世界里，混沌是一个没有器官的身体，精神分裂的身体，内在层面里，事物正在生成，并以它们生成的速度被瓦解。紧急秩序被控制住了，永远不会出现。一小段秩序——一个让人怦然心动的曲调——混沌就会消退；一种可能性从稳定的高原中衍生出来。德勒兹和瓜塔里对混沌的描述远非一成不变。它是不断地制作与拆解：

> 混沌的定义与其说是它的无序，不如说是它所形成的每一种形式消失的无限速度。它不是一种虚无，而是一种虚拟的，包含了所有可能的粒子，并引出所有可能的形式，它们只会立即消失，没有一致性或参照物，没有结果。混沌是无限的诞生和消失的速度。

> （Deleuze and Guattari，1991，118）

俄耳甫斯（Orpheus）和阿里亚德涅（Ariadne）

德勒兹和瓜塔里在音乐和政治之间建立了联系，而这个想法并非源于他们。在古代神话中，俄耳甫斯被描绘成一个通过演奏音乐建立希腊的人。他被描绘成和一群野兽在一起，它们安静地听着他的音乐，而不是互相残杀；据说，这代表着他是法律的创立者，这些法律将城邦带入文明的和谐，而不是继续野蛮的战争（Ballantyne，1997，181）。俄耳甫斯之歌是在混乱中召唤出的秩序之歌，是立法者建立辖域之歌，或者换句话说，是鸟鸣之歌。[3]

人们常说，建筑是凝固的音乐，这句话出自不同人之口，尽管谢林（Schelling）似乎享有优先权。这句话作为老生常谈，已经成为不言而喻的真理——这个概念在思想中的体现

51

比特定的表达更为频繁和更为古老——例如文艺复兴时期的比例概念中，古埃及、印度和中国的创世纪神话中（Pascha，2004）。阿里亚德涅的线团隐含的"声响"是存在的，因为它也是一个排序原则。通过这个线团，特修斯找到了摆脱牛头怪迷宫中可怕的反建筑的方法，这无疑是一个战胜音乐的地方。随着这根线团，特修斯的困惑消失了，他的道路变得清晰。尼采（Nietzsche）创作并撰写了关于音乐的文章。他经历了一个欣赏瓦格纳的阶段，但后来他发现瓦格纳过于沉重，过于"日耳曼式"，而他（尼采）想要支持的是旺盛、光明、酒神和希腊语。（在介绍尼采的文本时，我继续使用尼采下面的术语，但我在上面用了"常识性的"来表示尼采所说的"日耳曼式"，不想特别把"常识性的"附加到任何一个特定的国家上。）尼采在比才（Bizet）的《卡门》（Carmen）中找到了积极音乐的最好例证："这种音乐对我来说似乎完美无缺，"他说（Nietzsche，1888，157）。德勒兹把阿里亚德涅描绘成摆脱了对特修斯——沉闷的"日耳曼人"的依恋——转向了对生命充满信心的快乐的狄俄尼索斯。在这一点上，她的世界是由内而外的，我们的世界也是如此。迷宫看起来不再令人困惑，它被转化成它本该成为的样子：

> 迷宫不再是建筑；它已经变得响声和音乐。叔本华把建筑定义为两种力量，承重和被承重，支撑和负荷，即使两者趋向于融合在一起。但音乐似乎与之截然相反，当尼采越来越多地与魔术师瓦格纳（Wagner）分离时：音乐是轻盈的（la Legère）。纯粹的失重。[5] 阿里亚德涅的整个三角故事难道不是证明反瓦格纳式的轻盈？比瓦格纳更接近奥芬巴赫（Offenbach）和斯特劳斯（Strauss）么？使屋顶跳舞，使梁平衡——这对音乐家狄俄尼索斯

（Dionysus）至关重要。[6]毫无疑问，音乐中也有非官方的一面，甚至是唯美的一面，它是一种根据辖域、界、活动方式而被传播的音乐：一首工作之歌，一首行军之歌，一首舞蹈歌曲，一首休息之歌，一首饮酒之歌，一首摇篮曲（……）几乎很少"手摇弦琴的歌曲"，每首歌都有其特定的分量。[7]为了使音乐本身获得自由，它将不得不传递到另一个侧面——在那里，辖域震动，结构倒塌，民族混合，大地释放出一首强大的歌曲，伟大的仪式改变了它带来的所有的气氛，把它带走并退回给大地。[8]酒神狄俄尼索斯除了对路线和轨迹的了解之外，对其他建筑一无所知。这难道还不是谎言的独特特征吗？它是听天由命从辖域出发的吗？地位较高的人都离开了自己的领地，前往查拉图斯特拉（Zarathustra）洞穴。但只有酒神狄俄尼索斯把自己伸展于大地之上，拥抱着大地，他没有辖域，因为他无处不在。[9]铿锵的迷宫是大地之歌，是仪式，是人类的永恒回归。

（Deleuze，1993，104）

这篇文章具有很强的典故性。德勒兹的脚注将我们引向尼采文本中的典故。在这里，德国人的谎言和希腊人的谎言形成了鲜明的对比。"咏唱"（Rritornello）是德勒兹和瓜塔里的"舞蹈前奏"（Ritournelle）的另一种翻译，在其他地方已经被翻译成了"迭奏"。但是在这里，更为关键的是，它的"回归"角色与尼采的"永恒回归"相联系在一起，甚至相混淆——"永恒回归"是尼采著作中的一个重要概念，在德勒兹的解释中一个反复出现的创造性时刻，当一个人思考时，或以真正的自发冲动来回应你发现自己所处的环境时。当你觉得自己是最有活力的时候，而不是履行自己的职责，或是给出一个早先被教导过的答案，那就是那些时刻的永恒回归。我认为这就是温克尔曼（Winckelmann）试图描述的，当他试图在一个段落中作出解释，尼采这个古代希腊人中特有的天才当然知道。"瞧那敏捷的印第安人追上了雄鹿，它的血液流动的多快呀！他的神经和肌肉多么富有弹性啊！他的整个身体多么舒服啊！荷马这样描绘他的英雄们"（Winckelmann，1755，6）。温克尔曼把希腊人描绘成是由他们的环境塑造而成的，但随后会自发地对生活的刺激作出直接的反应——在尼采的《狄俄姆》中——这种自发的"希腊人"与"德国人"形成了鲜明对比，后者以其商业实用的观点代表着现代的日常世界，冷漠而沉闷——这是一个按时完成工作的世界，由机械制造的手摇弦琴，帮助推动一切向前发展。这是一个常识性的世界，很难比古斯塔夫·马勒（Gustav Mahler）唤起的世界观走得更远，他的奥地利国籍不应使我们认为他属于尼采的"日耳曼人"范畴。他写了《大地之歌》（The Song of the Earth，1908 年）。"辖域（La territoire）是德语，而大地（la Terre）是希腊语"，德勒兹和瓜塔里说：

> 这种分离正是决定浪漫主义艺术家地位的根本原因，因为她或他不再面对巨大的混乱，而是面对大地的牵引力（爱的态度——深层次的吸引）。小鸟的迭奏小调已经变了：它不再是一个世界的开始，而是在大地上画了一个辖域的集合（它在地球上绘制了领土的布局）。它不再由两个辅音部分组成，它们互相寻找和回答对方；它致力于一种更深层次的歌唱（更深沉的歌声使它融化），使它既能吟唱圣歌，又能唱诵赞美诗歌，但同时也能打击它，把它轰走，使它听起来不和谐。这首迭奏是由辖域之歌和大地之歌共同构成，坚不可摧。因此，在大地之

歌的结尾，两个主题共存，一个是旋律，唤起鸟儿的集合，另一个是节奏，唤起大地永恒的深呼吸。马勒（Mahler）说，鸟儿的歌唱，花朵的颜色，森林的芬芳，都不足以创造自然，因此需要狄俄尼索斯神和大潘神的帮助。无论辖域与否，大地的呼呼声包含了所有的迭奏，以及所有环境的迭奏。

（Deleuze and Guattari, 1980, 339, translation modified; v.o., 418）

整合

德勒兹和瓜塔里的著作中涌现主题之一是环境的解释力。在后面的章节里有更多关于环境的说法，但他们指出，例如，

哲学家欧仁·杜普雷尔（Eugène Dupréel, 1879-1967年）提出了整合理论；他指出，生活不是从中心到外在，而是从外部到内部，或者从离散或模糊的聚集到整合。这意味着三件事。第一，没有一个线性序列是从一开始就将推导出来，而是密集、强化、加固、注入、显影，像许多插在中间的项目一样（"只有通过插层才能生长"）。第二，这并不矛盾，一定要有间隔的安排，不均等的分布，有时需要挖个洞才能巩固。第三，有一种完全不同的节奏的叠加，一种内在的节奏感，没有强加的计量或是抑扬顿挫。[10] 整合并不是紧随前后的跟从，而是创造性的。事实上，开始总是始于事物的居间（in-between），间奏曲。一致性与整合是相同的，它是通过上

述三个因素，即插入元素、间隔和发声的叠加，产生整合的集合、连续和共存的行为。建筑，作为居所和辖域的艺术，就证明了这一点：有后来进行的整合，也有基石型的整合，它们都是合奏的组成部分。最近，像钢筋混凝土这样的物质使得建筑整体摆脱了树木柱、树枝梁、树叶拱顶的树状模型。混凝土不仅是一种非均质物质，其稠度根据混合元素的不同而变化，而且铁元素的插入也具有一定的节奏；此外，它的自支撑表面形成了一个复杂的富有节奏感的角色，其"茎"有不同的截面和可变的间隔，这些都取决于被敲击的力的强度和方向（电枢而不是结构）。从这个意义上讲，文学或音乐作品都具有一种架构：正如弗吉尼亚·伍尔夫（Virginia Woolf）所说，"渗透到每一个原子"[11]，或者用亨利·詹姆斯（Henry James）的话来说，有必要"从远处开始，从尽可能远的地方开始"，并且通过"一块块精雕细琢的材料"来进行。这已不再是将一种形式强加于另一个的问题，而是精心制作一种日益丰富和一致性的材料，以便更好地开发日益强烈的力量。

（Deleuze and Guattari, 1980, 328-329）

"插层"具有多种含义，包括地质学的含义，它指的是在完全不同的地层之间发现的物质层。在上述德勒兹和瓜塔里的实例中，钢筋被插入混凝土中，同样的，建筑也被嵌入生活之中，建构它和构造它。弗吉尼亚·伍尔夫的"原子"是经验的原子，她试图将其包含在她的文学作品中。她说：

给予整个时刻；无论它包括什么。浪费，死亡，来自不属于当下的事物；这种可怕的现实主义者的叙事方

55

式：从午餐到晚餐：是假的，不真实的，仅仅是依照惯例的。为什么要在文学中承认任何不是诗歌的东西——我指的是"饱和"？……诗人通过简化而获得成功：几乎所有的东西都被遗漏了。我想把所有的东西都放进，但要饱和。

(Woolf, 1980, vol 3, 209-210, 28 November 1928)

我们可以看到这里所表达的态度，与德勒兹和瓜塔里拒绝阐明论点的每一步的方式之间有着相似之处。亨利·詹姆斯的典故指的是序言中的一段，他在 1909 年在《鸽子的翅膀》中加上了一段话，其中引用了一个建筑的概念。他提出了小说的立体化，或者小说中人物的立体化——从立体中切割出来的、坚固的东西。詹姆斯正在讨论他试图塑造两位主要女主角米莉·西厄尔（Milly Theale）和凯特·克罗伊（Kate Croy）的方式，这样当她们按照故事所要求的动作行事时，读者就会发现这些行为就像人物本身可能做的事情一样合理可信。音乐和砖石在詹姆斯的语言体系中融为一体：

无论如何，重要的一点是，如果她陷入困境之中，那么，最重要的是迅速地创造困境，并将其牢固地建立起来，尽可能地展现出不祥的气氛在等待着她。我发现，这是一种本能反应，与其说鼓舞人心，不如说紧迫；在这样一个行业里，人们开始找寻整合的关键点，只有找到了才能展开行动。

(James, 1909, x)

做好准备，如饥似渴——考虑到整个地面——一种情况是从外圈开始，通过缩小圆周来接近中心。……我记得，当时我感觉很好，当我舒舒服服地为我的第一本书奠定基础的时候，从表面上看，米莉根本不存在。我几乎不记得可能有一种情况……在这种情况下，"从遥远的开始"，尽可能地追溯到尽可能远的地方，甚至是走到同样的曲调，遥远的"背后"，隐藏于事物表面的背后，是要毫不犹豫地表明自己的观点。

（James，1909，xi）

[出版需要妥协，写作匠可以巧妙地作出回应。] 然而，恕我直言，最好和最巧妙之处，往往不是一味地妥协，而是达成一致。在我们面前的情况下，我清楚地记得，感受到我的分裂、我的比例和总体节奏的快乐，所有的一切都是永久的，而不是在任何程度上的暂时礼节。因此，我的改变就足够了，因为它们本身是好的；事实上，对他们来说，我真的认为，任何对这本书文本的进一步描述，都可以归结为他们遵循法律公正的记号。事实上，对他们来说这是如此之多，以至于我真的认为任何关于这本书构成的进一步解释说明，都会将其本身简化为他们所遵循的法律的一个公正的符号。

有一种"乐趣"，是从建立一个连续的中心开始——把它们固定得如此精确，使他们所掌握的主体的部分就像快乐的观点一样，并据此加以处理，可以说，就构成了足够坚固的有特定风格的材料块。见棱见角到锋利的边缘，有重量、质量和承载能力；为建筑而造，即为效果而造，为美而造。很明显，这样的一个块就是凯特·克罗伊的整个初步陈述，我记得，从一开始，除非是在振幅方面，完全拒绝实施。振幅术语、大气术语、这些术语，仅仅是那些术语，在影像中它们表现出饱满、圆润、旋转的能力，使它们具有侧面和背面，在阴影中的部分就像太阳中的部分一样真实……。我刚才已经说过，一般尝试的过程是从"块"被编号的那一刻起就被描述出来的，这将是我的计划的一个真实写照。然而，唉，一个人的计划是一回事，结果又是另一回事；因此，我可能更接近于这样一个观点，现在最打动我的是，在我第一次也是最幸福的幻想下，所作出的努力。……举例来说，凯特·克罗伊意识到，承载能力的逐渐增强是由上百块紧密堆积的砖块组成的，而实际上只有可怜的几十块。

（James, 1909, xii-xiv）

影响一个人发展的经验和感觉模块，被转变成构成小说人物性格的建筑模块，并随着节奏和幅度而发展。小说家当然简化了，但我们对詹姆斯的角色作出反应的原因之一，是因为我们觉得自己好像认识他们。我们见证了他们的各种成长经历，因此在某种程度上，我们也间接地分享了他们的直觉。这是电影行业所吸取的宝贵经验，使我们能够与银幕上的人物感同身受。在银幕表演中，部分技巧是给观众留白，让他们把自己的情绪投射给演员，而编辑的部分技巧则是能够判断出观众需要多长时间。主流电影《末路狂花》（Thelma and Louise，1991年）讲述的是一个关于解域化的故事，这个故事中的人物摆脱了他们的日常生活，历经了各种使人更加快乐满足的以及创伤的经历，观众和他们一起见证了这些经历，最后，他们拥抱死亡，开车跃下悬崖坠入大峡谷。大峡谷是一系列令人叹为观止的景观的顶峰，其中包括纪念碑谷，沙漠条件下的大地之雄伟由图像和音乐的结合所唤起。沙漠对女人们产生了威压作用，与其回到家恢复旧的生活，她们宁愿选择死亡——绝对的解域化。曾经有段时间，塞尔玛的旧生活因被丈夫电话里的声音所萦绕和占据，并且我们感觉到这个声音正试图再次控制她；但她抵制住了，并且中断了谈话。这个故事本来可以被描述成一种陷入疯狂和绝望的堕落，但我们通过这些角色的经历，我们可以感受到，和她们在一起，自杀是一种乐观的选择。所以电影以他们在汽车上的定格镜头结束，在发动汽车冲下悬崖之后，在汽车开始坠落之前。
他们在一起最快乐时光的蒙太奇，以及节奏强劲的音乐，都给人留下了这样的印象：解域化才是答案。在这个案例中，丈夫的声音就是辖域化的曲调，将塞尔玛的精神空间建构到家庭常规的框架之中，而这些常规习惯塑造了她过去的生活。房子里乱七八糟的家具，丈夫想当然的认为他有权向她发号施令，这与她的自由和她在旅途中经历的深厚感情，形成了鲜明的对比，因为她的视野开阔了。建立辖域是建筑最为重要而常规的作用，纪念碑是一首歌。建筑物通常建立一个实用的领域，标志着所有者的财产范围，但是除了建立所有权之外，它所标明的辖域是一个适用某种精神的区域：一个工作场所，一个操场，一个舞厅，一个安静的酒店休息室，一个欢乐的酒吧，一间封闭的卧室……几乎是一个小小的"手摇弦琴的地方"。建筑帮助我们完成需要做的事情，并重新建立秩序。"艺术不是始于人类的肉体，而是始于房屋。这就是为什么建筑在艺术中是第一位的"（Deleuze and Guattari,1994, 186）。建好一座房子，你就可以走出它——朝着一座疆土震动、种族混杂的建筑走去，看上去似乎更像是作用于自己身上而不是建筑——更高的人离开了他的辖域——结构倒塌了。**狄俄尼索斯只知道路线和轨迹。他没有辖域，因为他无处不在。**

58

沙漠化：塞尔玛打电话回家．吉茜娜·戴维斯（Geena Davis）在《末路狂花》中饰演塞尔玛·伊冯·狄金森，雷德利·斯科特（Ridley Scott）执导，1991 年

家庭权利再辖域化．克里斯托弗·麦克唐纳（Christopher McDonald）在《末路狂花》中饰演达里尔·迪金森（Darryl Dickinson），雷德利·斯科特执导，1991 年

背对天空：驶离公路，《末路狂花》，雷德利·斯科特执导，1991 年

房子，大地，辖域

建筑物是机器的一部分。建筑对象作为机器的一部分，在使用时被激活并产生生产力；一个单一的建筑物，即使是像小茅屋这样简单的东西，也可能在不同的时间被不同的人以不同的方式使用。然后它将成为不同机器的一部分，并在不同情况下产生不同的东西。建筑最常产生的是一个辖域——一个特定秩序盛行或看似隐含的空间。建筑是一首歌曲。如果它是为了实现特定目的而产生的辖域，那么这是一首相当机械的歌——劳动号子，行进中的歌曲，手摇弦琴的歌——有助于减轻我们的工作压力，让我们以各种方式参与其中，但在日常当中实际上是没有帮助的。商业场所知道快歌的价值：响亮的流行音乐，表明这里出售的服装是吸引25岁以下的年轻人；书店里播放的古典音乐，听上去很有教养；酒店电梯里播放的奇怪音乐，令人昏昏欲睡。这些小歌曲建立了小辖域，建筑能够以相应的方式辅助它们；但这只是很微观视野的建筑。建筑能够面向更为宽广的可能性，这里介绍的是：有一首伟大的"大地之歌"，它在所有事物中都能产生共鸣，还有一种轨迹建筑，在那里，建筑似乎随着无处不在的酒神狄俄尼索斯的消失而消失，不再需要的辖域。我们大多数人，在大多数时候，都希望可以获得安全感，待在自己熟悉的和受人欢迎的领地里，把自己放置在看管羊群或是叽叽喳喳的小鸟的位置上。但在我们生命中最重要的时刻，在我们完全活着的时候，我们必须注意，大地各处维系着的深层次的共鸣，通过所有辖域，或令人迷失方向的自由，让我们穿越新的不稳定的空间，开拓新的可能性，尽管当我们在日常世界中运行的时候，它们可能看起来难以理解，而且毫无意义。在那些时刻，日常理性的声音可能听起来如此压抑和限制，以至于唯一要做的就是挂断电话。

立面与景观

在山中漫步

对外开放有其危险性，因为那里的情况与我们所熟知和居住的地区不同。如果我们将其作为固定的习惯，那么，可能会发现我们已经失去了自我意识，变成了精神分裂症患者。在《资本主义和精神分裂症》一书中，德勒兹和瓜塔里欣然接受了这种倾向。例如：雅各布·伦茨（Jakob Lenz，1751-1792 年）在《反俄狄浦斯》的开篇几页中的漫步，他发现自己与周围环境有着不同寻常的关系。他出生在利沃尼亚（Livonia）（现在的拉脱维亚），德国精英阶层的归属地之一，后来到德国留学，在那里他遇到了歌德（Goethe）以及狂飙突进运动小组的浪漫主义诗人。如今，人们对他的记忆主要源于乔治·比希纳（Georg Büchner，1813-1837 年）的文学创作。比希纳出生于两代人之后，但他对伦茨在 1778 年 1 月 20 日至 2 月 8 日之间的生活进行了精彩的重构，这已经成为德国现代主义文学经典的一部分。歌德进入贵族圈的时候，伦茨的精神状况已经每况愈下，他感到无法面对，而后把自己流放到了更为偏远的地方，最终定居在莫斯科。他的讣告在德国发布之后的几年里，他实际上一直居住在莫斯科，直至去世①（Sieburth，2004）。他和牧师约翰·弗里德里希·奥

---

① 伦茨的死讯在德国发布之后，实际上他还一直活着，并且一直居住在莫斯科。1792 年 6 月 4 日，人们在莫斯科街头发现了伦茨的尸体。他葬在何处至今仍是个谜。——译者注

伯林（Johann Friedrich Oberlin）在沃日山脉的瓦尔德斯巴赫（Waldersbach）短暂停留的经历，被奥伯林本人记录下来，他当然觉得这位来访者很令人吃惊，但他对伦茨的行为的描述，尽管充满了敬意和焦虑，却也只是把它们看作是奇怪的。例如，在第一个晚上，伦茨半夜爬进喷泉，像鸭子一样在里面扑腾，打扰了周围的邻居们（Oberlin，1778，85）。比希纳（Büchner）对这个事件给出了截然不同的描述，尽可能从伦茨内心出发。所以在叙述中伦茨接近瓦尔德巴赫（Waldbach）的时候，比希纳用一个特别的句子，唤起了一种令人兴奋的混乱景象，那是一个失控的地方，但却经历了强烈的体验：

> 有时暴风雨把云扔到山谷里，它们向上飘浮穿过树林，声音在岩石上苏醒，就像远处回荡的雷声，然后在强烈的阵风中逼近，仿佛它们想在野外欢欢喜喜地颂扬大地的赞美，云朵飞驰如马，阳光透过它们的身体涌现出来，并在雪场上画出了它的闪光剑，于是一道耀眼的光芒从山峰上划过，射入山谷；有时，当暴风雨把云层吹落下来，把浅蓝色的湖水吹向它们时，风的声音消失了，就像摇篮曲或梨铃的低语一样，又从峡谷和冷杉树的枝头深处升起，淡淡的红光爬进了银色翅膀上飘过的深蓝色和小浮云，所有的山峰，尖利而坚定，在乡间闪闪发光，他将会感觉到他胸部有什么在撕裂，他将站在那里，喘息，身体向前弯曲，眼睛和嘴巴张得大大的。他确信他应该把风暴吸引到自己身上，把一切都吸纳到自己的身体里，他伸展开来平躺在大地上，他钻进宇宙，痛并快乐着；或者他会保持静止，把头靠在护城河上，半闭上眼睛，然后所有的东西都从他身上消失了，大地收回了恩惠。在他看来，这颗星星变得像一颗游走的星星一样渺小，沉

62

入了一条湍急的小溪，清澈的河水在他的下面流过。但这些只是片刻，然后他站起来，冷静，稳定，安静，仿佛影子戏在他面前走过，他什么也记不得了。

（Büchner, 1839, 3-8）

这里的伦茨是彻底解域化的，至少在这些"影子戏"上演期间，他肯定听到并且知道如何回应大地之歌，尽管这对他周围的人没有什么意义。德勒兹和瓜塔里关注到了空间上的变换和对比——从禁闭到扩张——从伦茨在封闭的房间里与奥伯林交谈的一段话，到随后伦茨外出散步时的对比。当伦茨和牧师在一起时，谈话的方式被控制在他自己与父母相关的地方——也就是说，他被关在这个家庭的强迫性关系之中。房间的限制与他心中的压迫密切相关。辖域化的房间和牧师的装配，使得这种辖域化不可避免地成为一种机器，这种机器对伦茨的大脑产生了一种不可抗拒的力量，而伦茨的大脑更倾向于解域化：

> 另一方面，在户外散步时，他在群山中，在飘落的雪花中，与其他神在一起，或者根本没有神灵，没有家庭，没有父亲或母亲，与大自然在一起。"我父亲想要什么？他能给我更多吗？不可能的。让我安静一下。"一切都是机器。天空机器，天空中的繁星或者彩虹，高山机器——所有这些都与他的身体相连接。机器持续不断呼呼作响。"他认为，能接触到各种各样深邃的生命必定是一种无穷无尽的幸福感，拥有一个岩石、金属、水和植物的灵魂，像在梦中一样，把大自然的每一个元素都融入自己，就像花儿随着月亮的升起落下而呼吸一样。"成为叶绿素——或者光合作用的机器，或者至少把他的身体塞进机器作

为其中的一个部分。伦茨把自己投射回到人与自然二分
法之前的一个时代，那时基于二分法的所有坐标都尚未
确定。他没有像自然一样自然地生活，而是作为生产过
程来生活。现在既没有人也没有自然，只有在一个中产
生另一个，以及把这些机器连接在一起的过程。生产机器，
渴望无处不在的机器，精神分裂的机器，所有物种的生命：
自我和非自我，外部和内部，不再有任何意义。

（Deleuze and Guattari, 1972, 2）

伦茨感觉自己完全融入了风景及其要素之中。他与周围
环境之间没有间断感，没有分离感，也没有界限。他能感受
到每一种生命形式的奥义，能够唱出大地之歌或者其中的一
部分，透过他的身体或者——如果他能把它翻译成自律的话
语——放在他的诗歌之中。德勒兹和瓜塔里通过精神分裂症患
者的视角，将这样的世界观与各种事物联系起来，包括将自
己的影像投射到风景之中（以及其他任何事物，来达到这一
点），以及在定居文化和游牧文化之间的意识转变。我们理解
世界的方式之一就是看到自己在其中的映射。我们认为世界
在某种程度上和我们一样，而很多时候我们都错了，但它让
我们感受到了。比较的另一个方面必然是，我们必须像我们
周围的世界一样。英国诗人拜伦勋爵（Lord Byron，1788-
1824 年），他的浪漫不亚于伦茨，在他的史诗《海罗德公子》
（Childe Harold）中，他将自己的身份视为一种与不断变化的
环境相联系的不稳定的东西。在他所处的不同环境中，他不
断地改变自己，成为不同的人，有时这是一种解放和令人兴
奋的感觉，而有时则是一种压抑和令人讨厌的感觉：

我不是活在自我之中，而是

64

我周围的一个部分；并且之于我

高山是一种感觉，不是那些喧嚣

人类城市折磨人的声音。我能看见

自然界没有什么可憎恶的，除了活着

一个不情愿的环节，

将自己归入各种生物之中，当灵魂可以逃离时，

天空、山峰、起伏的平原

海洋或是星辰的交融并非徒劳。

（Byron, 1812-1818, Canto 3, stanza 72）

这和比希纳笔下的伦茨有着同样的愿景，但在这里却受到了抑制，因为拜伦觉得自己不能做他渴望做的事情，无法与天空、山脉、海洋和星星融为一体，而伦茨却做到了这一点。

白墙，黑洞

65   德勒兹和瓜塔里认为，处理景观最重要的是与面孔的对应关系，这种对应关系以奇妙的方式不断地重现。它们的"表面"由两个部分组成：白墙和黑洞。白墙是反射屏幕，反映着投射到其上的任何信息。黑洞是相反的原理——它没有反映任何东西，而是吸收一切。在面孔的图像中，眼睛的瞳孔是这个黑洞——传统的"灵魂之窗"——但它不一定是可见的。重要的是，在白墙后面有一些东西，一个有思想和情感的"主体"，如果要推断的话，只能从白墙上刻写或投影的符号中推断出来。"面孔"是排除和吸收、反射和接收的双重操作。例如，白鲸，莫比-迪克（Moby-Dick），是令亚哈（Ahab）船长疯狂的一堵白墙，他把完全属于自己的痴迷投射到鲸鱼身上，但鲸鱼又将这种痴迷反射了回来：

亚哈曾对鲸鱼怀恨在心，尤其是在他的疯狂病态中，他终于认同了他自己，不仅是他身体上的所有不幸，而且是他所有智力和精神上的愤怒。白鲸在他面前游来游去，他就像是那些恶魔化身的偏执狂一样，从内心深处吞噬着它们，直到它们只剩下半颗心和半叶肺来生活。……所有的疯狂和折磨；所有浮想联翩的事物；所有包含着恶意的实质；所有使人筋疲力尽和大脑崩溃的事情；所有生活和思想中的微妙情感；所有妖魔，对疯狂的亚哈来说，一切的邪恶都是显而易见的，所有那些最疯狂和最折磨人的东西；所有扰动事物的真相；一切带有恶意的真理；所有这一切都会撕裂肌肉和大脑；所有生命和思想的微妙妖魔化；所有邪恶，对疯狂的亚哈来说，都是明显人格化的，几乎可以全部攻击在"白鲸"身上。他把整个种族从亚当身上感受到的所有愤怒和仇恨的总和，全部堆积在鲸鱼的白驼峰上；然后，仿佛他的胸膛是迫击炮似的，把他那炽热的心脏外壳炸裂开来。

（Melville, 1851, chapter 41）

　　一个合理的推测，事实上白鲸对待亚哈与旁人无异，但对亚哈来说，并非如此。亚哈先前与鲸鱼的遭遇是创伤性的。他失去了一条腿，忍受了巨大的痛苦，在此期间他完全失去了自我意识，变成了纯粹的紧张—— 一个没有器官的身体。当他恢复知觉时，他的身份围绕着鲸鱼被再辖域化，正当故事发生的瞬间，他非常痛恨那头撕掉他腿的鲸鱼，他把自己的仇恨投射到那头鲸鱼身上，跟踪那头鲸鱼，并开始感觉那头鲸鱼也在跟踪他，他被一种强迫性的恶意思想所驱使，鲸鱼的白驼峰漠然地反射给他。在他的头脑中发展成为一种邪恶的化身。"所有可见的东西"，亚哈说，

66

都不过是纸板面具。但在每一个事件中——在生活的行为中，毫无疑问的行动——在那里，一些未知但仍在推理的东西出现了，从非理性的面具背后塑造了它的特征。如果有人要攻击，就要击穿面具！除非通过穿墙，否则囚犯怎么能到达外面？对我来说，白鲸就是靠近我的那堵墙。有时候我觉得没有什么比这些更重要。但这就足够了。它责打我；它完全填满了我；我从它身上看到了惊人的力量，带着一种不可思议的恶意在作怪。那件难解的事情，就是我所憎恨的；作为白鲸的代表，或者白鲸的头目，我会把这种恨意发泄在它的身上。……如果太阳侮辱了我，我就攻击太阳。以其人之道还治其人之身；因为这里存在一种公平的竞争。

（Melville, 1851, chapter 36; quoted in part by Deleuze and Guatttari, 1980, 245）

"亚哈船长，"德勒兹和瓜塔里说，"正在不可抗拒地与莫比 - 迪克一起生成（becoming）——鲸鱼；但是动物鲸鱼同时生成为无法忍受的纯白色，一堵闪闪发光的纯白色墙壁"（Deleuze and Guattari, 1980, 304）。闪闪发光的纯白色墙壁是电影院的银幕，但不仅如此。它也是"梦的银幕"，我们的梦的图像被排列在上面，这显然是婴儿时期对乳房的记忆，拉近距离，充满视野。（Deleuze and Guattari, 1980, 169）。这种情况可能会在以后的生活中接近，当拉近的面孔变成电影屏幕上的风景时，瑞士导演英格玛·伯格曼（Ingmar Bergman）说，"我们的工作始于人类的面孔……勾画出近似于人类面孔的可能性，正是电影的原创性和鲜明的品质。"（Bergman in *Cahiers du cinéma*, October 1959, quoted by Deleuze, 1983, 99）：

面孔和景观手册形成了一种教学方法，一门严格的学科，对艺术的启发不亚于艺术对它们的启发。建筑的位置——房屋，城镇或城市，纪念碑或工厂——它们在景观中的作用就像面孔一样。绘画可以担负起同样的作用，也可以反过来，把景观作为一个面孔，对待彼此都一样："论述面孔和景观"。电影中的特写主要是把面孔看作一种景观，即电影、黑洞和白墙、屏幕和照相机的定义。但早期的艺术、建筑、绘画，甚至小说也是如此：特写镜头激发并创造了它们之间的所有关联。那么，你妈妈是一个景观还是一张面孔？一张面孔还是一个制造厂？（Godard.）所有面孔都包裹着一片未知的、未经探索的景观；所有的景观都充满了被爱过或梦想过的面孔，形成了一张即将到来或已经逝去的面孔。什么样的面孔无须召唤与之融合的景观，海和山；什么样的景观没有唤起原本已经完成它的面孔，为它的线条和特征提供了一个意想不到的补充？

（Deleuze and Guattari,1980, 173）

这对争论来说并不重要，但是即便如此，其产生的方式也是有意味的。在法语中,面孔（visage）和景观（paysage）这两个词听起来似乎是相关的，而德勒兹和瓜塔里的新词则是从它们发展而来的——Visagéité 和 Paysagéité——这些词被翻译成英语的"颜貌"和"风貌"，听起来更令人不舒服，但在这方面还是很有用处的。德勒兹和瓜塔里引用了克雷蒂安·德·特鲁瓦（Chrétien de Troyes）在 12 世纪末所写的《圣杯传奇》中的一段话：

这部小说——珀西瓦尔（Perceval）看到一群飞翔的鹅被雪弄得晕头转向。……一只猎鹰发现了一只离群的鹅。它猛烈地攻击着它，使它摔倒在地；……珀西瓦尔看见那只母鹅躺过的凌乱的雪地，血渍依然可见，他靠在长矛上望着这一景象，血和雪混在一起，就像他夫人脸上泛起的红晕。他陷入沉思：他夫人脸颊上的红色调，在她白皙的脸上，就像在雪白的雪地上的那三滴血。当他注视着这幅景象时，他感到非常高兴，仿佛看到了这位美丽女士的脸上清新的颜色。……我们看到一个骑士在他的战马上睡着了。

（Deleuze and Guattari, 1980, 173）[1]

68　　他们继续用自己的声音说：

一切都在那里：特定于面孔和景观的冗余，景观面的雪白墙壁 [风景画 - 面容]，猎鹰的黑洞和墙面上分布的三滴血；与此同时，那张风景如画银光闪闪的面孔，朝着深陷于紧张情绪的骑士的黑洞旋转。骑士不能在特定的时间和条件下进一步推动运动，穿越黑洞，突破白墙，拆解面孔——即使这样的尝试也可能会适得其反。

（Deleuze and Guattari, 1980, 173）

克雷蒂安（Chrétien）的形象不仅引人注目，而且具有明显的电影色彩。它强烈地唤起了人们对《危险关系》（Dangerous Liaisons，1988 年）最后一幕的印象，在一场决斗之后，瓦尔蒙特子爵（Viscomte de Valmont）意外地受了重伤，影片剪至一幕鸟瞰视野，一个平面图，我们从上面看到了屠杀的场景——黑色的衣服和深红色的血迹，以及在纯净的雪地上留下的伤疤和痕迹。在这场决斗中，胜利者丹斯尼骑士（Danceny）紧张过度，而男仆正轻轻地移动着瓦尔蒙特的衣服（见下图）。这里的重点不在于场景看起来像

白雪，深色的衣服，深红色的血迹，《危险关系》，导演斯蒂芬·弗雷斯（Stephen Frears），1988 年

一张面孔，而是它以一张面孔的方式运作，通过建立一个屏幕，**69**
然后通过屏幕上的标记和符号，暗示在它背后有某种东西在
寻求表达。白雪皑皑的地面上有血迹和黑暗的痕迹，这些痕
迹都是通过破坏地表而形成的，都在表明这里曾经发生的事
情。这也与梅黛女爵（the Marquise de Merteuil）随后的面
部形象产生了共鸣，尽管她不在现场，但却是导致这场大屠
杀的直接原因。在决斗和死亡的时刻，瓦尔蒙特是唯一明白
这一点的人，当他即将死去的时候，他把摧毁女爵的方法交
给了刺客。这部电影的闭幕式画面显示，她擦去了自己的妆
容，褪去了自己的角色（见下图）。她精心设计的身份已经被
消灭了，她的面具也随之消失了。她的妆容使她原本苍白的
脸变得更加惨白，给予她深血红色的嘴唇，而她的眼睛，被
睫毛膏染黑了，陷在阴影之中。她的面孔就是大屠杀的现场，
大屠杀的场景就是她的面孔。图像互相注入，就像克雷蒂安
的图像一样，当面孔抹去具有象征意义的红白颜色，就变得
毫无表情，死气沉沉。它完全变成了一堵白墙，我们，观众，

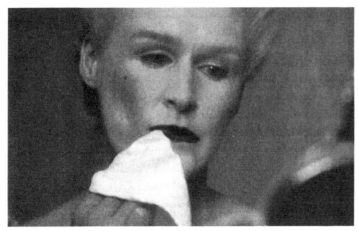

白色的皮肤，乌黑的眼睛，血红的嘴唇，格伦·克洛斯在斯蒂芬·弗雷斯导演的《危险关系》中饰演梅黛女爵，1988 年

70　可以把我们的感受投射到角色的思想和感受上。不再有任何发自内心的东西，只有我们自己的感觉反映在我们身上。

德勒兹和瓜塔里提到了另一个例子：马尔科姆·劳里（Malcolm Lowry）的蓝海，在这个场景中，船上的"机器"占据着主导地位：

> 一只鸽子溺死在鲨鱼出没的水域里，"就像一片红叶落在白色的洪流上"（Lowry，1933，170），这不可避免地会让人联想到一张血淋淋的面孔。劳里的场景体现在这样不同的元素中，而且特别有条理，因此不可能受到克雷蒂安·德·特鲁亚（Chrétien de Troyes）的场景的影响，而只能与之融合。这使得它更好地证实了一个真正的黑洞或红白墙抽象机器（雪或水）的存在。
>
> （Deleuze and Guattari, 1980, 533, note 8）

因此，面孔的概念一旦建立起来，就具有高度的流动性和适应性。我们到处都能看到。然而，它并不是普遍的。在过去的某个时刻，这是我们获得的一个概念，也是一个精神分裂症患者可能会失去的概念。

> 拆解这张面孔可不是件容易的事。疯狂绝对是一种危险：精神分裂症患者同时失去全部，包括他们对自己和他人面孔表情的感知，对风景的感知，对语言的感知，和它的主导意义，是偶然的么？面部组织是强有力的。
>
> （Deleuze and Guattari, 1980, 188）

然而，并不是所有文化都能看得到这张面孔。面具脸表达的是与之连接的背后的思想，这样一个概念正是德勒兹和瓜塔里明确认同耶稣基督，以及那些与"白人"无关的文化，已经找到了对待这个世界的其他方式。他们的面具可以强调头部是身体的一个部分，而不是把面孔当作自由浮动的幻影。这些"探索者"将这个世界概念化，并在没有利用这幅风景的情况下处理它，在我们看来，这是如此的普遍和不可避免（Deleuze and Guattari,1980,176）。一种特定类型的权力关系——通过面孔的力量得以形成——"母体的力量通过护理过程中的面孔得以表征；激情的力量通过爱人的面孔得以表现；政治权力通过领导的面孔（彩带、图标和照片）进行运作，甚至在群众行动中运行；影片的力量通过明星的面孔和特写来进行表达；电视的力量"（Deleuze and Guattari, 1980, 175）。有一种"四眼机器"，由两两相连的基本面孔组成。"教师和学生，父亲和儿子，工人和老板，警察与公民，被告与法官（'法官表情严厉，眼神毫无希望'），他们的面孔：具体的个性化面孔是在这些单元的基础上产生和转换的，这些单元的装配——就像一个富有孩子的面孔，在这个装配中，已经可以明显分辨出一种军事职业，那就是西点的下巴。与其说你有一张面孔，不如说你不知不觉地陷入了一张面孔。"（Deleuze

71

and Guattari, 1980, 177）德勒兹和瓜塔里把基督的例子看作是面孔发展的关键时刻，因为受伤的身体被面部化了："基督不仅主持了整个身体的颜貌（他自己的）和所有环境的风貌（他自己的），而且他创造了所有的基本面孔，并且在他的支配下有所差异。"（Deleuze and Guattari, 1980, 178）早在 1946 年，德勒兹就发表了一篇文章，显然是他发表的第一篇文章"从基督到资产阶级"，其中认为这种做法是资本主义的先决条件，这一论点被认为是在《千高原》一书中读到的。身体被过度编码，再辖域化；一个新的"主体"被建构：

> 没有专制的装配就没有意义；没有权威的装配就没有主体化；没有两种力量的装配，就没有混合体，它们通过能指行动，作用于灵魂和主体。正是这些装配，这些专制或权威，赋予新的符号学体系以帝国主义的手段，换句话说，它既能粉碎其他符号学，又能保护自己不受外界的威胁。齐心协力消除身体和身体坐标，通过其中的多维或多元符号学运作。身体是受过训练的，肉体被拆散，变成——被猎杀的动物，解域化被推向了一个新的门槛——从有机的层次跳跃到有意义和主题化的层次。产生一种单一的物质表达。白墙/黑洞系统被构建起来，或者更确切地说是抽象的机器，它必须允许并确保能指的全面性以及主体的自主性。……与我们的制服和服装，以及原始绘画和服饰的不同之处在于，前者的作用是使身体具备面孔化的特征，用组扣作为黑洞靠着白墙的材料形成对照。即使面具在这里也具备了新的功能，与旧的功能完全相悖。因为面具有着并非单一的功能，消极性的除外（在任何情况下面具都不是用来掩饰，隐藏，即便是在展示或揭示的时候）。要么面具确保头部的一切从属于身体，

72

使之生成——动物，就像原始社会的情况一样。或者，就像现在的情况一样，面具确保了面孔轮廓的突出和构造。没有人情味的面孔。

（Deleuze and Guattari,1980, 180-181）

制服的重点不是纽扣这类没有价值的小东西，而是在重要领域中衣服所扮演的角色。在非常原始的社会条件下，我们可能为了保暖或是防晒而穿衣服，一旦有了人的参与，衣服的其他功能就会发挥作用，比如隐蔽性和暴露性的观念，正派和礼节的游戏。但是通常在我们的日常活动中，服装的这些功能并不是我们关心的问题。我们更关心的是衣服发出的信号，它们可以细致入微，而不局限于我们早上穿的衣服的样子。有条纹的头发和晒黑的肤色，是衣服向我们透露出穿着它们的人的一些情况。尼采（Nietzsche）说："今天，对于我们来说什么是建筑的美？"他自问自答地说，"与一个无头脑的女人的美丽面孔是一样的：类似面具"（Nietzsche, 1878, 218）。我们身在建筑之中，就像我们穿的制服一样。艺术家穿黑色。会计师穿特殊条纹。环保人士穿花呢。建筑师想要表现出创意时身穿黑色，当他们需要得到大笔资金的时候身着条纹，在处理历史建筑时身穿花呢。建筑物的外观需要向外界传达它们是什么，以及它们所容纳的是谁。勒儒瓦－高汉（Leroi-Gourhan）在"手工工具"和"面孔语言"这两极之间建立了一种区分和关联。……这是一个区分内容形式和表达形式的问题（Deleuze and Guatttari, 1980, 302）。它区分了做事情和表达事情，它最终不能作为一个明确的划分而持续下去，但在某些情况下，这种划分是有其用途的。于克斯屈尔认为有一种区别，那就是在动物看待世界的方式——它的感知世界，通过感觉器官来捕获；以和它的实质行动世界——它的运动习惯（Le Monde Agi）——两者结合在一起构成了它的环境——通常英语译为"environment"，法语译为"milieu"。[2] 对我们来说，看待世界的方式是由来自眼睛和耳朵、皮肤、鼻子和舌头的信息组成的，它与狗、蜱虫或者蝙蝠的信息完全不同，它们有着不同的感官装置。在建筑物中，我们可以在帮助我们做事的建筑物的各个方面——为我们的实践活动提供住所，以及帮助我们表示事物的各个方面——传达信息之间进行类似的划分。当然，这两个领域之间的划分并不难：一座象征地位提升的房子可以帮助我们找到伴侣，或者交到更广泛的朋友。然而，建筑具有调节助推功能的一个方面，以及属于意义领域的另一个方面。如果我们回到约翰·克莱尔的小木屋，那么很明显，这座建筑并不具备象征的意义。由它产生的满足感是因为它所带来的事物状态，所有这些都与通过家庭关系形成主体（主体化）的过程，以及与壁炉、烟斗、狗、舒适的椅子、床等的关系有关。这是个黑洞。从内部看并不像黑洞，但就实际目的而言，它从外部是看不见的，是通过主体化而不是意义来产生家庭的满足感。相反，玛丽·安托瓦妮特的小屋已经被美化了。它显然是意义世界的一个部分，从一开始就作为一个标志发挥着作用。它在主体化过程中担负什么样的作用就不那么清楚了，因为即使是内在的实际活动也是被过度编码的，从而使得活动的实际效用变成了所发生的一种可忽略不计的副作用。性爱游戏在这里比从乳品中生产出来的牛奶更重要——也就是说，打扮成一个挤奶女工，这就意味着你是"挤奶女工"——比在这个特定的环境（milieu）中做任何挤奶女工的工作都要重要。玛丽·安托瓦妮特的奶制品相比于黑洞更像是白墙，但这是她觉得需要采取行动的一种表现。这里有一个主体化的过程，但它当然不局限于小村庄：附近的巨型建筑是凡尔赛宫，它是一种奇特而精致的主体化工具，它构造了国王的形象和他与宫廷的关系——在镀金的大厅里，在彩绘的拱顶下，在闪烁的吊灯、无限的折射和反射中——这是一种堪称楷模、复杂得令人难以想象的符号与代码的相互作用。花园正面的白墙，以国王的卧房为中心，窗户上的黑洞预示着内在巨大的主体群。这个无伤大雅的小村庄里的小黑洞，是宫殿里深邃的巨大黑洞的卫星，到了 1793 年，它就会把玛丽·安托瓦妮特和王室的其他成员，以及宫廷的其他成员统统吞噬。

意味

立面作为一种建筑发展并不是通用的，即使在高级别建筑中也是如此。德勒兹和瓜塔里倾向于对基督的认同，人们希望看到他随着教会的发展而发展，当然在教堂的西立面上也可以发现这一点——尤其是索尔兹伯里大教堂或卢卡和比萨的教堂——那里的西立面延伸得比教堂后面的建筑还要高，以便

圣米尼亚托阿尔蒙特（San Miniato al Monte）主教堂立面，佛罗伦萨（Florence），1090 年以后

能够包容更多意义——更多的雕像，更多的拱门，更多的辉煌。在佛罗伦萨的罗马式圣米尼亚托阿尔蒙特教堂里，在那里，实质行动的世界被容纳在砖石和石灰石结构中，而看待世界的方式是通过将薄薄的白色和有色大理石板附着到外立面以
75 及属于意义世界的内部部分来建立的（见下图）。当阿尔伯蒂（Alberti）重塑新圣母玛丽亚教堂（Santa Maria Novella）的立面时，这个白墙被吸收和反射到了这座城市；在这座城市中心的鲁切拉宫（the Rucellai palace），阿尔伯蒂为它贴上的一个精心设计的外立面，使之成为一座经过精心装饰的住宅建筑。在鲁切拉宫，粗糙未完成的外墙边缘使它看起来特别像面具，所以它特别清楚地表达了面部的概念（见下图），但它并没有在国内建筑中开启这种白墙 / 黑洞的组合。在古代世界，住宅建筑似乎为室内空间保存了真正的辉煌；但是第欧根尼（Diogenes）提到雅典街道上的华丽门廊，它显然具有增强地位的功能，它们属于看待世界的方式，而私人住宅的主体化实质行动世界发生在这个内在的黑洞之中，人们可以看到一种家庭面貌的发展，也可以看到第欧根尼为它哀叹，或兴

莱昂·巴蒂斯塔·阿尔伯蒂，鲁切拉宫的外立面，佛罗伦萨，1452–1470 年

高采烈地利用它，因为他把街道和门廊作为自己寓所的地方来看待（Diogenes, c.340 BC, 41, no.14）。在第欧根尼的一句格言中提到了家庭和城市在产生这一创作主题中的作用："从斯巴达到雅典的道路就像从男人的房间到女人的房间的通道一样"（Diogenes, c.340 BC, 58，no.113）。房子把男人和女人分开，男人和女人经历了不同的主题，组成斯巴达和雅典的不同公民也是如此。斯巴达的象征经济在于战士的身体，因此人们可以说，这是形式化的，而雅典的象征经济在于它的纪念碑。这座城市的白墙/黑洞就在雅典卫城上：白墙是不朽的帕提农神庙，由闪光的戊酸大理石制作而成。它自身有着黑暗的内部，但真正的黑洞是伊瑞克提翁神庙的内部，在不远的地方，最神圣的遗迹没有太阳的照耀，也不常被看到；尽管如此，他们还是受到了人们的赞扬，并在塑造这座城市的身份方面发挥了重要作用——雅典娜的长袍、代达罗斯（Daedalus）制作了折叠椅并设计了迷宫来容纳米诺陶、卡利马科斯设计的带有棕榈树烟道的火炉以及科林斯首都，等等。更明显的是，那个纯粹的黑洞，不是在洞穴里，而是在埃及的寺庙里，有着像广告牌一样的塔架式正立面，在一座通向天空的庭院后面，在一座满是柱子的礼堂后面，里面是最古老洞穴般的密室。卡特梅尔·德昆西（Quatremère de Quincy）争辩说，最终所有的古埃及建筑都源自洞穴（Lavin, 1992），但它的目的是在外部扮演一个巨大的角色——将民众从内部排除在外，并在这样做的过程中建立起一个具有重要社会作用的暴君形象。埃及神庙是贵族住宅的纪念性版本，据推测，前面几乎完全是隔开庭院和街道的屏风墙，但是在寺庙里，它成长为一个半自治的面具，巨大的雕刻神像矗立在黑暗的洞口旁。

雷达罩

　　然而，白墙在独特的个体意识中扮演的角色更为模糊，因为它在反映背景图像时的作用更为明显。以北约克郡曼威斯山上的网状球顶的白色墙壁为例（见第 78 页的图，Wood, 2004）。它们的作用是保护接收卫星信息的精密仪器内部的机制。碳纤维圆顶对于仪器来说是不可见的，但是它们让外部观察者看不到这些仪器，所以它们有一个封闭的、毫无表现力的外观，就像白鲸的驼峰一样。我们所做的取决于我们带给它们的东西。如果我们觉得这是一个有用的装置，保护我们免受恐怖和邪恶，那么我们将把它看作一个有点超现实但总的来说是一个令人安慰的存在，这些白色雷达罩轻轻地依偎在山坡上。另外，如果我们将其视为逃避正常控制和监管的外来存在，那么我们可以将其视为对公民社会运作的一个非常令人不安的威胁。如果我们更进一步，让它变成像亚哈一样的痴迷，那么当我们穿过乡村时，我们可能会开始看到穹顶在周围徘徊并跟踪我们，就像追踪卡夫卡的布鲁姆菲尔德的球（Deleuze and Guattari, 1980, 169）。即使雷达罩不在视线范围内，我们也能感觉到它们通过我们汽车中的卫星和导航系统跟踪我们。在这三种情况中的每一种——良性的、威胁的和偏执的——同一建筑连接到不同的组合，并为来访者带来不同的体验。在每种情况下建筑机器都有不同的构成，因为这些访问者中的每一个都会使一组不同的概念发挥作用，以使机器产生影响（体验即建筑）。曼威斯山的例子很有趣，因为白色球体没有像传统的建筑标志那样被识别。正常情况下，我们知道如何安全地阅读建筑物，就像我们知道如何阅读制服一样，而且就像制服一样，建筑物的外墙可以用来伪装。在这里，我们把建筑物当作屏幕，它们允许我们向它们

英国皇家空军基地曼威斯山，20世纪晚期

投射我们的希望或恐惧，而不提供明确的确认或拒绝。

沙漠

　　如果一个主体仍然存在，景观以另一种角色重新出现在精神分裂分析的"主体"成像中。正如伦茨发现自己置身于与周围环境的机械互动之中，他的"自我"与雪花、星星和山峰之间没有分离的感觉，所以德勒兹和瓜塔里把自己描述成沙漠，这个概念占据着他们，并且在这条道路上不断前行，因此他们也不断地被再生和再造。"我们是沙漠，"德勒兹说。

　　但是居住着部落，植物和动物。我们花时间给这些部落排序，以其他方式安排他们，抛弃一些，鼓励另外一些繁荣发展。所有这些部落，所有这些人群，都没有破坏沙漠，这是我们的提升；相反，他们住在那里，穿过它，越过它。在瓜塔里看来，总是有一种野性竞技，在一定程度上是针对自己的。沙漠，是我们唯一的身份，自己的实验对出现在我们身上的所有组合来说，是我们唯一的机会。

（Deleuze and Parnet, 1977, 11）

这里的"个人"被明确地看作是多重的和政治性的，主体化的过程被呈现为动态的和持续的过程，永远不会达成或者可以达到一个令人满意的结论。对于德勒兹与瓜塔里来说，生活总是一个生成的过程，而不是思考一个已经实现的"存在"。德勒兹将瓜塔里描述为"他是一个群体、一伙人或者部落中的一员，但他是一个孤独的人，一个由所有这些群体和他所有的朋友、他所有的身份构成的沙漠"（Deleuze and Parnet, 1977, 16）。在埃德加·爱伦·坡（Edgar Allen Poe）的故事中，"人群中的人"的身份具有某种流动性，加入了不同部落的身份，成群结队涌入城市（Ballantyne, 2005, 204-209）。他走到了极端，并以一种只有虚构人物才能做到的方式体现着一种原则：我们不是孤立的，而是在整个社会之中，我们是由思想和实践组成的，这些想法和实践并不起源于我们，而是通过我们而来，存在于我们身上，影响我们所做的事情，偶尔也许是有意识的，但在大多数情况下，我们对它的发生并没有任何特别的认识。因此，与其说个人是一个政治实体，不如说是一种居住和参与、和谐或冲突的政治（微政治）。图像始终由线条和强度、相交平面和多种颜色、大气、流动组成——永不干硬的物体、边界形式或清晰轮廓。而面孔——白屏和黑洞的组合，是与人交往的方式，我们的小议会或者万魔殿将借助面孔传播其意义，触摸/感受它将使面孔成形。

79

城市与环境

一个小秩序

如果试想我的身体现在正在发生着什么，仅仅基于我的感觉，我真的不知道发生了什么。我曾听说过一些发生在身体里的事情，我可以让自己感受到呼吸和心跳，但是根据我对自己身体的体验，我无法说出肝脏和血液现在的运行情况。但我从中了解到，我有一颗心脏和一个肝脏，我的血液循环——如果只是静坐思考，并不能推断出这些东西。我的自觉思维只是自身的一小部分，但不知何故，我清楚地认识到身体的存在主要是为了有益于它们。我的肝脏可能会有不同的感觉。就它而言，我的身体是它赖以生存的环境。同样地，在分子水平上，我身体的各个部分都是由我摄入的食物中的分子组成。铁、钙、氢、碳和氧等分子，在我不知情的情况下，已经被这些小机器重新排列过了。我感到口渴，或者饥饿，所以我吃和喝，然后各种组织和膜整理出我需要的东西并处理它，而不用更多的信息来困扰我，也不需要用我意识的意志使我的身体更好地消化，或者以新的方式消化。从分子的"观点"来看，我是某种分子的强化，是我周围和我体内的分子的致密化；不是说某个分子在经过时注意到了我。理查德·道金斯（Richard Dawkins）认为，物种作为确保基因存活的机制最有意义（Dawkins, 1976），这不是我们从自己的感觉中直接推断出来的。在另一个尺度上：如果我在寻找人类的集群，那么就会去城市。

城镇与道路密切相关。城市仅仅是作为循环和回路的功能而存在；值得注意的是创建的回路以及由此生成的一切。它由入口和出口所定义；必定有某些东西进去，又出来。它会增加频率。会影响物质的两极分化，无论是惰性的、生物的、还是人类的；它会使藻门、水流沿着水平线，通过特定的地方。这是一个跨界现象，一个网络，因为它从根本上是与其他城镇联系在一起的。它代表了解域化的开始，因为不管涉及什么物质，都必须进行解域化，以便进入网络，服从两极分化，遵循城市和道路重新划分的路线。最大程度的解域化出现在海上商业城镇，与穷乡僻壤以及乡村（雅典、迦太基、威尼斯）分离的趋势中。这座城镇的商业特征经常被突出强调，由于处在修道院或寺庙的网络之中，有关的商业问题也是宗教性的。城镇是各种各样的回路节点，沿着水平线成为其中的一个部分；它们实现了逐个城镇的一体化，完整的同时又是地方的。每一个都构成了一个中心力量，但这是一种两极分化的力量或是环境（"milieu"，法语"周围环境"）的力量，是被动协调的力量。这就是为什么这种权力自称平等主义，无论采取何种形式：专制、民主、寡头、贵族。城镇政权发明了地方行政官的概念，这与国家公务员部门（fonctionnariat）[1]有很大的不同。但是，谁又能说哪一种所做的是更大的民间暴力呢？

（Deleuze and Guatttari, 1980, 432-433, translation amended）

这是一个城镇生存所必需的力量分析。至少在一开始，把瓦尔特·克里斯塔勒（Walter Christaller）的中心地理论的核心思想翻译成德勒兹与瓜塔里特有的词汇是没有争议的，这一理论对地理学领域产生了广泛的影响。不过，请注意，德勒兹和瓜塔里可能会说很多关于个人—— 一个精神分裂分析主题——的东西。还请注意，这座城镇始终是网络的一个部分，它构成了一种周围的力量，一种环境的力量，客观世界的力量。如果我在城镇中，那就是我的环境，但是这个城镇本身又位于其他城镇之间，这就构成了它的环境。如果我们在适当的尺度上考虑它，任何"事物"都可以被描述为一种环境。

外界 - 环境（milieu）

于克斯屈尔（Uexküll）特别强调生物与其环境之间的关系。每种动物都生活在自己的世界里，不同于其他生物的世界，它们用另外的机制来感知自己的世界并在其中生存。于克斯屈尔的《动物世界与人类世界》一书，开头部分被命名为"蜱虫及其环境"（Uexküll, 1965, 17），这一页主要有一张膨胀到生命大小许多倍的蜱虫插图。

> 令人难忘的蜱虫关联世界，由其下落的引力能量、感知汗水的嗅觉特征，以及它的主动附着特性来定义：蜱虫爬上一根树枝，通过嗅觉辨识出一只路过的哺乳动物，落在它的身上，然后附着在它的皮肤上（一个由三个因素共同组成的关联世界，仅此而已）。
>
> （Deleuze and Guattari, 1980, 51）

一旦它附着在哺乳动物的身上，就会吞噬血液，这样它就会膨胀到原来大小的许多倍。然后回到地面，在大地上产卵，它的生命周期也就完成了（Uexküll, 1934, 18-19）；于克斯屈尔的问题是："蜱虫是机器还是机械师？它是一个简单的客体还是一个主体？"为了回答这个问题，他采取了两种角色，

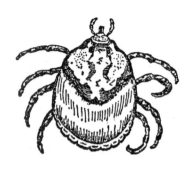

蜱虫

每个角色都给出了一个映射在不同平面上的答案。生理学家把蜱虫称为机器，说：

> "通过蜱虫，我们可以区分感受器（感觉器官）和效应器（行动器官），它们用一种定向装置通过中枢神经系统连接在一起。"装配在一起 [合奏] 就是一部机器，但到处都看不到机械师。

> "这就是你出错的地方，"生物学家回答说，"它不是像机器一样的'蜱虫身体包'，到处都有机械师在工作。"

生理学家泰然自若地说：

> "蜱虫的所有动作都是反射作用，反射弧构成了所有动物机器的基础。它是由感受器启动的，一种只允许某些物质从外部输入的装置，比如温暖或丁酸的气味，并排斥其他所有物质。它是由肌肉完成的，肌肉使效应器处于运动状态，不管是走路还是附着。感觉细胞释放感官的兴奋，运动细胞释放运动的冲动，它们只是传导物质兴奋波的连接体，感受器对效应器肌肉的外部冲击，在神经系统中引起了物质兴奋波。反射弧的组合就像任何机器一样，只执行一次运动的传输。这里没有丝毫主观因素的痕迹，好像有一个或几个机械师在参与。"

> "恰恰相反，"生物学家回答说，"到处都是机械师，

没有机器零件。反射弧中的每一个细胞都不是在传递运动，而是在传递兴奋。所以刺激必须被主体所感知，而客体并不存在。无论如何，机器的每个部件，例如钟的敲击器，都只有在平衡时才能正常工作；如果进行任何其他处理——例如，施加冷、热、酸、碱、电流——其作用就像其他金属片一样。但是我们从让·米勒（Jean Müller）那里得知，肌肉的表现是完全不同的。不管外界的干预是什么，它的反应都是一样的，通过收缩的方式作出回应。它把每一种外部干预都转化为同样的兴奋，并以同样的冲动作出反应，导致细胞体的收缩。

此外，让·米勒还指出，所有接触视神经的外部效应，无论是乙醚波、压力或电流，都会产生一种发光的感觉，这样一来，我们的光学细胞就会以同样的"感知特征"作出反应。

84

因此，我们可以得出这样的结论：每个活细胞都是一个感知和行动的机械师，因此它有自己的感知性，冲动性或"活跃性"。动物主体装配的感知和动作复合体导致了小细胞机械师的协作，每一个都只使用一个感知信号和一个动作信号。"

（Uexküll, 1934, 19-21）

如果我们的每一个细胞都是一个主体，那么我们确实已经是一个相当大的群体了。这与塞缪尔·巴特勒赋予生命机器（见第 2 章）的领域相同。在一种描述下，这些生物看起来像机械作用，而在另外一种描述下，机器看似活着。如果采用其中一种描述而排除另外一种，那么这两种描述都与常识格格不入。一种描述认为，生物体的能力和行为是由多种复杂的类似机器的相互作用所产生的自然发生的特性，而另一种描述则认为，即使在无机物中也存在着普遍的生命力。常识性的世界中，我们用一种来描述生物，而另一种则用来描述无法沟通的机械作用，但是在事物中没有明确的临界点来区分一个和另一个，这只是一种文化习惯，它让我们划出界限，把事物划分成相当不同的类别，当巴特勒用严谨的逻辑指出了困惑时，我们感到不安，好像有什么诡计在发生。德勒兹和瓜塔里的作品利用了这两种描述，而不承认任何常识阈值。如果《反俄狄浦斯》开头的欲望机器清晰地唤起了其中一个，那么他们对待生命实体概念就会引起另外一个的共鸣。"勒儒瓦 - 高汉（Leroi-Gourhan）对于技术生机论已经走得最远，以生物进化为模型进行技术进化：一种普遍的趋势。"（Deleuze and Guattari, 1980, 407, referencing Leroi-Gourhan, 1945）。瓜塔里确定了三大生态"寄存器"——环境、社会关系和人的主体性（Guattari, 1989, 28）——在每一个类似的过程中，每一个进程都在以不同的规模运行，每一个进程都建立了多样的环境，在其中形成了多样的生物、机器或概念。格雷戈里·贝特森（Gregory Bateson）说，"有一种坏主意的生态，""就好像杂草生态"，而瓜塔里将这个好主意作为三大生态的题词（Guattari, 1989, 27）。[2]

85　　　这些思想需要一个由其他思想和实践组成的环境，一个特定的环境将允许一些想法蓬勃发展，而另一些则没有机会。瓜塔里认为威胁多样性思想的特殊环境是"一体化的资本主义世界"，我们现在通常称之为"全球化"。它有一种趋势，使我们所有人都想要同样的东西，无论我们在世界的任何地方，无论我们过去的文化差异是什么。大众传播媒介对这一主题的同质化，与对生物多样性的威胁具有同样的危险。我们都受过这样的教育：看到同样的电影明星会神魂颠倒，点同样的碳酸饮料，喷同样的香水。从某种程度上说，它是令人愉快的，无害的, 而且极其安稳, 看上去不可能会造成任何伤害。另外, 思想的不同种类、行为的不同文化都从地球上消失了, 无人知晓, 不再出现, 因为我们只关注足球明星或者名流八卦。

动物和它所处的环境是紧密相连的, 于克斯屈尔的观点尤为明显。贝特森认为, 它们如此密不可分, 应该把它们视为"生存单元"。认为一个有机体的生存独立于它所处环境是毫无意义的; 周围环境是生物体发育的前提; 如果德勒兹和瓜塔里告诉我们总是从中间开始, 他们的"中间"一词, "周围环境"(milieu), 也意味着"环境"(environment)。如果我们像贝特森所建议的那样, 将组织 + 环境定义为一个"单元", 那么就不可能把它恰好地定义为具有明确的形式或限制。如果我们可以说, 蜱虫"是"图中所示的小小的蜱虫身体包, 那么我们可能会觉得, 如果我们把它放在玻璃罐子里, 它就会受到保护, 而它的环境已经改变, 这样它就不能再在那里生存了。也许穿过这个区域的哺乳动物已经被转移, 或者被猎杀, 尽管没有蜱虫受到伤害, 蜱虫的数量也可能会被消灭。然而, 相对来说, 分离和描述蜱虫并举例说明蜱虫长什么样是比较容易的。如果我们试图用传统的欧几里得(Euclidian)或笛卡儿(Cartesian)的术语来定义这个"无形式"的生存组织 + 环境单元, 并将其定义为正方形、圆形或图形上的直线, 那么描述和指定它就困难得多。它必须以关系的方式来定义, 通过解释一个部分是如何与其他部分相互作用, 并利用这些关系网—政治—来描述那里发生了什么。众所周知, 科学在处理中等大小的干燥物体时是最轻松的——我们有最发达的方式来谈论我们能看到和触摸到的东西, 这些东西从第一次看到, 直到下一次, 它们都是一样的。我们必须理解微小和广阔的事物, 与我们能直接感知到的事物范围更近的事物进行类比, 而对流体和流动的研究与直线和立方体的研究相比,还处于起步阶段，比我们用数学发现直线和立方体的定义要容易得多，但在我们对自然的体验中，这些研究则更具有特殊性。"无形中，"巴塔伊（Bataille）说，"这个词是用来把世界上的事情搞垮的吗……它所指出的东西在任何意义上都毫无权限，被压得到处都是，就像蜘蛛或蚯蚓一样。事实上，要想让学术界感到高兴，宇宙就必须成形。所有的哲学都没有别的目标：这是一个给数学披上外衣的问题。另外，肯定宇宙没有任何相似之物，无形中等于说宇宙就像蜘蛛或唾沫"（Bataille, in Ballantyne, 2005, 5）。有形的事物具有无形者所不具备的地位和体面。对于无形的事物，人们甚至不能确定自己是否在处理"事物"。Milieux（法语，"环境"）——环境——是无形的。德勒兹和瓜塔里对待事物是把它们变成了由点、奇点、力在它们周围的相交平面或线来处理。无形的"形式"——他们提请大家注意社会和政治层面的形式，并引用吉尔伯特·西蒙顿（Gilbert Simondon）的话说：**"形式与掌权者的想法相对应，当他下达命令时，必须以积极的方式进行表达**：因此，形式是可表达的秩序"（Simondon in Deleuze and Guattari, 1980，555，n.33）。城镇、环境和主体（德勒兹和瓜塔里有时称它们为"个体"或"个人"，以确认它们的可分性）被作为互相关联的关系，是网络和流动的产物。

分离

这种状态被描述为完全不同的东西，有一种与更广泛的网络脱节的倾向：

> 国家的发展确实与此相反：它是一种内在一致性的现象。它使点之间产生共鸣，这些点不一定是城镇极点

的分化，而是多样的秩序、地理、种族、语言、道德、经济和技术上的差异。它使城镇与乡村产生共鸣。通过分层来运作；换句话说，它形成了一个垂直的、分层的聚合体，以深度的维度跨越水平线。在保留给定的元素时，它必然切断与其他元素之间的关系，而这些元素变成了外在的，它抑制、减缓或控制着这些关系；如果国家有自己的回路，主要依赖内部共振的回路，这是一个重复的区域，它将自己与网络的其余部分隔离开来，即使这样做，它也必须对其与其他部分之间的关系施加更严格的控制。问题不在于弄清楚所保留的是自然的还是人为的（分界线），因为在任何情况下都存在解域化。但在这种情况下，解域化是将领土本身作为客体、作为物质进行分层、产生共鸣的结果。因此，国家的中央权力是等级化的，并构成了一个行政部门；中心不在周围环境中，而在上层，因为只有通过从属关系，才能重新装配它所隔离的东西。当然，国家的多样性不亚于城镇，但这并不是同一类型的多样性：在深度维度上有许多州，和垂直横截面一样多，每个州都是相互分离的，而城镇则离不开水平的城镇网络。每个州都是全球（而非局部）一体化的，是共振冗余（而非频率），是辖域分层（而非环境极化）的运作。

（Deleuze and Guattari, 1980, 433）

因此，在一张纸上绘制一张国家地图原则上是一件简单 88
的事情，因为——除了有争议的领土外——还有一条边界将国家与周边国家隔开。边界可能会不时被重新划定，但从原则上讲，中央制定的法律只适用于国家限度的范围，而不能够超出。关键在于，决策的"中心"并不在周围环境之中，而是在环境之上，环境之外，在另一个层面上。因此，这种对国家及其组织的描述与"同胚论"概念相关——这一概念源自亚里士多德的思想，而在这里，重要的是要与"自然发生的"形式或内在的概念进行对比。国家的实质是由比物质更高阶层的力量形成的。城镇网络在它们的环境中是固有的。国家有形，城镇无形。当然，城镇可以是从一个更高的阶层强加给它们的秩序，但这并不是它们得以运作的原因，也无法理解城市的设计。城镇为个体建筑创造了环境，如果想要设计一座成功的建筑—— 一座可持续发展的建筑，并且成为一个生机勃勃的有机体，就需要理解建筑和环境之间互相依存的关系促使人们、建筑或城镇的生活、工作和繁荣的因素都是无形的，需要加以理解，但它们在环境中运行，被各种类似于国家的机构所切断，往往会将网络的一部分与其更广阔的环境分离开来。例如，土地所有权的管理方式就像划定国家边界，在某些方面，国家界定的法律责任必须限定在自身的土地边缘。当然，如果我倾向于做一个没有违法行为的公民，那么，我的建筑必须停止于此。传统意义上的建筑一直专注于形式，如勒·柯布西耶的定义："建筑是大众熟练、正确和宏伟的游戏，聚集在光线之下"（Le Corbusier, 1923, 29）。这来自一个更高的阶层："宏伟"显然高于环境，"熟练"和"正确"的行为符合自上而下的决定模式。我们已经学会把形式（这里的"群众"）看作是"掌权者心里所想"，并且能够表达出来。因此，勒·柯布西耶对建筑的定义完全属于国家的思维模式，我们可以让他为联邦政府服务，让他把建筑设计成有限的、定义明确的物体——往往与周围环境相脱离。对纯粹形式以及美丽形体的崇拜，使我们着迷于超凡脱俗的许诺，这是时尚建筑杂志的主打词。在这些图像中，没有表现出生活的内在秩序，更倾向于展示人们渴望

89

生活在具有几何定义或清晰图像特征的环境之中。如果自然的家务管理习惯是形成房子的唯一决定因素，那么内在秩序可能会在家庭范围内出现，但是，如果可以，我们通常会试图塑造事物，以便以某种方式宣称自己的地位，例如，使房子看起来像一座房子。我们大多数人，大多数时候，都知道房子是什么样子的。我们的形式感不仅来自周围环境自然发生的特性，也来自我们周围的各种迹象，以及我们部署的符号体系。就人类建筑而言，在城市规模上的自发形式更为明显，在城市中，单个建筑可能具有自我意识，但更广阔的图景往往留给城市自身来决定。弗里德里希·恩格斯（Friedrich Engels）描述了 19 世纪发生在曼彻斯特的事情，当时曼彻斯特正经历着惊人的繁荣，在短短几十年的时间里，从一个村庄变成了一座大都市。令人惊讶的是，尽管这里出现了明显的混乱，但也确实展现出了清晰的秩序。

> 这个城镇本身就是专门建造的，这样人们就可以长久居住，日复一日地穿梭其中，不需要接触到工人阶级，甚至是工人——也就是说，长久以来，一个人把自己局限在商业事务上，或者只是为了娱乐而闲逛。主要是在这种情况下，通过无意识的默许，以及有意识的、明确的意图，工人阶级地区与城市中为中产阶级保留的地区之间的隔阂最为明显……曼彻斯特富有的贵族现在可以通过最短捷的路线从他们的房子抵达市中心的商业场所，这些路线一直贯穿工人阶级区域，而他们甚至注意不到，在路的两边，最肮脏的苦难原来离他们是如此的接近。这是因为，从交易所通向城外各个方向的主要街道几乎不间断地被两边的商店所占据，这些商店是由中产阶级以及中下阶层的成员所经营。为了自身的利益，店主应该保

90

持店铺外表的整洁和体面；事实上，他们是这样做的……那些位于商业区或中产阶级街区附近的商店，比那些为工人们盖满肮脏农舍中的商店要优雅得多。然而，即使是后者，也足以使富有的先生和女士们对他们的财富和奢侈进行补给，他们胃口强大但神经衰弱，因此需要隐藏那些痛苦和肮脏，使之远离他们的眼睛。我非常清楚，这种虚伪的具有欺骗性的建筑方式在所有大城市或多或少都是常见的……我在别的地方从未见过，凡是可能冒犯中产阶级的眼睛和神经的事情，都隐藏得如此细腻。然而，与其他城镇相比，曼彻斯特的建设更缺乏规划，更不受官方规定的限制——实际上，更多的是出乎意料——这里比任何其他城镇都要好。

（Engels, 1845, 84-86）[3]

　　恩格斯阐释了城市格局产生的由来，不是自上而下的形式强加，而是通过周边环境作出的决定，特别是但不完全是由小店主作出的决定。他称之为建立"欺骗性"的方式，并且这样做会把自己置于一个更高的阶层，因为在环境中并不是它看起来的样子。如果有人确实注意到了正在发生的事情（恩格斯让我们相信他们没有），那么他们会告诉我们的，如果我们问的话，那就是对于每种类型的建筑物属于什么类型的场所作出适当的判断。这看起来是有礼节的问题，而不是欺骗或虚伪。一个人生活的环境不仅居住着与之互动的其他人，而且还有动物、植被、雪花和山峰，还包括一些如何处理建筑的想法，这些都是我们生态的一部分。因此，恩格斯在曼彻斯特看到了这一点，但他并没有完全参与其中，关于建筑礼仪的想法在有能力对其采取行动的人们之间广泛分享。他们不需要纵观全局，只需要看看在哪里开设商店是有意义的，以及如何经营才能过上更体面的生活就可以了。无须彻底思考，但一种普遍的常识——在环境中——似乎仍未受到挑战。**从外面和上面看，它看起来很有欺骗性，似乎被某种思想所强加。从内里看，似乎一切都进展顺利。**城市——这座城市，至少在本书中是这样描述的——是一个自组织系统，它的秩序是内在的。同样，在《反俄狄浦斯》的开端，对精神分裂分析的主体——个人——的描述也是一个自组织系统，在一种描述下有一个统一意志和个人名称，但在另一种描述下是一群充满渴望的机器，它们无法形成整体的观点。就像一个人可能被迫接受僵化的社会角色，比如由"神圣家族"赋予的角色——有益于资本主义及俄狄浦斯化倾向的核心家庭单元—— 一个城市也可能被赋予恰当及富丽堂皇的外表，可能对生活无所助益。强制推行的"形式"可能会带给一个城市体面的外观和崇高的地位，但如果它不能与创造城市生活的网络相融合，那么，它就会留下空荡荡的林荫大道和风吹雨淋的广场，照片看起来可能不错，但无益于城市的真正繁荣。如果你能置身于恩格斯笔下的曼彻斯特这样自然发展的城市，不为争取文化地位而行事，做自己该做的事，那就更好了。当然，曼彻斯特也存在着严重的问题，许多人生活在恶劣的环境当中，但这座城市的整体活力是毋庸置疑的。令人惊讶的是，虽然缺乏集中的规划控制，但它的组织结构清晰明确。为了产生另一座曼彻斯特这样的城市，人们不会指定某种形式，但会设定以下条件：一个需要大量劳动力（其中大部分是技能有限，因此工资较低）的商业运营世界。其余部分则或多或少地随之而来。最早行动起来的人会变得非常富有，虽然他们只是一小部分人，但他们有足够的钱来确保欲望得到满足。低收入的人有机会获得不同的东西，成本较低，而且更为广泛。社会各阶层的需求都由依赖中央商业运作的服务提供者来满足，但需要在一个或多个地方得到满足。正是这种环境中的中产阶层——他们可能在地方法院有一个官方分支——似乎对决定这个地方的样貌、选择开设商店的地点以及充分利用他们的立面至关重要。只要这个中下层阶级有一种共同的礼节感，而其他阶级没有压倒它，那么它的普遍的秩序感就可以在不需要集中控制机制的情况下占上风。英格兰中部，尤其是曼彻斯特的小店主们，似乎对这座城市有着决定性的影响。英勇的建筑师们为这座城市设计了一个又一个奇葩，但它的肌理结构显然是无意识的、自然发生的"设计"，无论哪个人都不能号称自己是这个"设计"的作者。这是成千上万地方决策的结果，就像我们在蚂蚁群落中看到的那样，蚁群建造了自己的蚁巢，而黏菌群落似乎解决了在迷宫中寻找最短路径的问题（Johnson, 2001）。

对于产生这些影响关系的规范可以说是政治性的，又或者说是拓扑的——拓扑是"橡胶片几何学"，如果一个物体可以被拉伸或折叠到另一个物体中，那么它将两者看作是等价的。[因此，所有闭合的有界形状都是等价的，无论它们是圆形的、正方形的还是不规则形的；同样地，球体和立方体是彼此相似的，它们不同于有孔的圆环（圆环形状），它有一个洞，而其他的形状则没有。]德勒兹和瓜塔里让人们注意到物质和形式不可分割的方式，即材料具有的"奇点或特性，就像隐含形式一样是拓扑的而非几何的，与变形过程结合在一起：例如，影响劈开木材操作的变量起伏和纤维扭转。"（Deleuze and Guattari, 1980, 408）。请注意这里的"隐含"形式——虚拟形式——被"折叠"到材料中。德勒兹对莱布尼茨（Leibniz）的研究被命名为"勒普利"（1988，*The Fold*），这种折叠是他的主题而不是任何形式上的金属薄板的折叠。折叠，指数，是指暗示、隐含、繁衍、重复、复制——

天梯，科多尔省（Côte d'Or），日期不详

它们都是"折叠"语汇。目前还不清楚这些隐含形式能否实现，但它们对结果有所影响。以木材为例，传统工匠会非常熟悉木材纹理的效果，并知道如何利用这一优势。然而，他通常不会去尽力展现这一点，也不会让它表现出来。可能会出现这样一些例子。一片顺遂木纹生长的木材要比按照几何形体直接锯出的同一尺寸的木材更结实。从树篱中寻找一根好的、直的、长的树木，然后进行加工，就能做成一根结实的手杖。虽然很结实，但看起来并不精致，并带有着乡土气息——巴塔伊（Bataille）"无形"的低等级内涵。一根精密的城市手杖应该是直的，即使这意味着它不那么结实。在埃泊西斯城堡的鸽子笼里，有一个非凡的梯子，这让我们可以进入这个巨大的圆柱形房间，以及房间墙壁上所有筑巢的地方。梯子安装在房间中心的主轴上，可以沿着梯子转动到圆周的任何地方。台阶由两根纵梁固定在适当的位置，这两根纵梁完全匹配，因为每根纵梁都是从一块木头上分离出来的，这些木材被拼接在一起，形成了惊人的细长比例。牺牲，如果是牺牲的话，那就是梯子不是直的——它必须顺着树木生长的轨迹，也就是木头的纹理。它是一个美丽而巧妙的锻造物，技术上是先进的，但它不符合良好形式的几何概念，所以，在城堡里上流社会的房间当中，没有比它更为遥远的地方了，只有鸽子们住在这里，还有看守人会去。在19世纪中叶以前，建筑师维欧奥莱－勒－迪克（Viollet-Le-Duc）和其他一些人开始提倡在制造形式上顺应材料本身的肌理，但是每当这些材料颗粒出现的时候，就会被认为是品质低下，无形中，就好像工匠没有能力克服材料本身的问题，把材料弯曲成几何形状。例如，一个简单的樵夫小屋里的材料的特征是非常明显的，管理嫁接羊的牧羊人将住在一个住宅里，这个住宅是田地里石头的强化，就像他本人一样，来自庄稼和羊群元素的强化。

自然发生的形式

当建筑工人开始在现场工作时，建筑师通常从另一个层面开始工作，发布在工作室中已经确定的形式指示，以便建筑工人可以根据指示来实现这种形式。人们很少能够直接从地面上把未成形的材料攫取过来，进行实验，但在商业运营中，如果大多数建筑实践都认为有必要，也不是不可能的。然而，这是人们可以追求的立场，也是可以进行根本性创新的时刻。材料在分子层面上的微观政治，转换为我们能够感知和利用它们的层面上的特性：例如，石灰岩和板岩的不同分子结构，意味着不同的石头形成不同的特征形状，并且我们已经找到了运用这些独特的石材形状的方法，可以帮助我们建造墙壁和屋顶。如果我们把注意力转换到某一特定地点的实际情况上，那么对于本书的读者来说，建筑材料的范围当然包括建筑供应商提供的东西——标准尺寸的混凝土块、经过锯木厂切割成可预测的规则尺寸的木材，钢钉、螺钉和其他连接方法，以及从平板玻璃到绝缘板，和中等密度纤维板的任意数量的板材。这些材料是建造工人通常希望使用的，所产生的形式与那些由田野石头和森林疏伐材所产生的形式截然不同。一旦进入正常的商业合同关系来建造建筑，交付的速度和结果的可靠性是至关重要的，那么实验思维就会被排除在考虑之外，常识就会占据主导地位，产生和以前一样的结果。想要创新，就必须与这一趋势作斗争。正常情况下，形质论的工作在材料落入我们手中之前就已完成。此外，在材料层面上投入时间和精力抵制它的决定，能够很好地减少在社会层面上激进有效的东西的快速高效生产。例如，2006 年冬季出现在巴黎的一些挂有手绘标记的现成帐篷，这些帐篷是为无家可归者提供的颇有政治成效的庇护所（该组织自称为"堂吉诃德的

"堂吉诃德的孩子"组织提供的帐篷，沿着巴黎圣马丁运河，2006年11月

孩子"——以准骑士的名字命名，具有讽刺意味的是，他们浪漫的自我妄想和绝望被采纳了，以此来把注意力引向一个希望收留无家可归者的组织的绝望的理想主义）。如果把金钱和精力耗费在为这个目的而设计的漂亮的新帐篷上，那将是荒谬的和适得其反的。但帐篷本身的设计确实巧妙而有效地**96** 利用了它们所使用的材料。一个钢质的"弹簧"被固定在适当的位置，被提供保护的帐篷帆布紧绷着。因此，钢分子环境中的微观政治，与帆布上的分子环境发生了接触，并保持着一种抗争的关系，尽管如此，二者仍然保持着互不混合和互不干扰的状态（织物和钢之间没有产生化学反应）。帐篷的内在环境——其内部气候明显比外部气候更适宜居住——这是由织物的特性决定的，能够抵抗空气和水的渗入，并被居住者的身体所加热。在政治环境中，警察、人权思想以及关于重要公共场所礼仪的观念能够并且确实相互影响，在水平相交的强化点上变得至关重要。

形式和框架

不要把形式看作是一种意图——让自己沉浸在分子层面

的微观政治、生活、各种环境的影响之中。在环境中提出建议。
环境的维度有多少，我们就关注多少，通过将它们投射到道德层面上来衡量它们的重要性。建筑师有时喜欢声称建筑是自主的，但是，提出这样一种主张，仅仅是否认某些平面多样性的合理性，尽管如此，即使我们不允许自己谈论它们，这些平面仍然是真实存在的。为一座建筑寻找一种形式与在自己身上找到一种形式是类似的。一个人固定一个限制—— 一个框架。我本人决定了我是那种做一些事情，而永远不会做另一些事情的人；于是，在某些形成的时刻，我意识到我必须修正我的想法，我不完全是（或者不仅仅是）我曾经认为的那个我。而在其他人身上，我们的猜测所依据的证据却少得多。我们通过听取小说中的人物行为来了解他们，有时也会通过听取他们对事物的看法来了解他们。与最亲密的朋友在一起，我可以"做我自己"，但在与新认识的人打交道时，我会在很多方面更加谨慎，也更为正式。建筑中也有相应的礼仪，从私人空间表面上的非正式操作（仔细观察，我们会发现它们已被文化构建），到更为正式性的地方——穿着制服的地方，以及"无形中"的行为看上去不合适或不专业的地方，会将一个人排除在"游戏"之外。市政厅的辩论厅被要求组织一项对当地社区整体都有意义的活动，应该找到某种方式来表明自己具有高于私人厨房的地位。建筑学擅长体现机构的社会价值，找到方法来构建那些在某种程度上被认为是有价值的活动。然而，德勒兹和瓜塔里的思想更倾向于提升非纪念碑式的生活方面，更喜欢流动性和创造性（"生成"），而不是建立任何固定的类型。他们的想法对任何选择参与其中的建筑师来说都是一个挑战，因为它的波动性与专注于形式的行业传统不符。跟随德勒兹和瓜塔里，人们抛弃了明确定义的实体形式，为了描述未成形元素（经度）和影响元素集合（纬度）

之间的关系，为了建构一个身体地图，这里的"身体"可以是任何实体，无论是清晰的还是模糊的，从一个概念到整个世界，当然也包括人体、建筑物和环境。"经度和纬度共同构成自然、内在或一致性的平面，它总是变化的，不断地被个人和集体所改变、组合和重新组合"（Deleuze, 1970, 127-128）。德勒兹和瓜塔里提出的描述是对虚拟的描述，虚拟可以被接受和实现，可以被组合和重组。因此，他们的记录不是提供一套可以立即采取行动的指令，而是将你所知道的一切分解，然后展示一个世界是如何在一个小小的秩序下形成并溶解的。思想和生物的环境塑造了实体的创造或进化，就像思想、材料和政治环境塑造了建筑、内部环境及其周围环境，而这些环境反过来又塑造了我们。"内在平面"是一种环境，在这种环境中，各种力量发挥着作用，当一个小小的秩序在其中产生共鸣时，就会产生一个身体—— 一种抑制、一个概念——这个身体一经产生就成了环境的一个部分，并对其未来发展产生影响。

在某些时刻，初始条件的微小变化或作用力之间的平衡会产生非常不同的结果。思想的生态和资本的流动造就了我们的住所和城市，在这里产生了一座闪闪发光的高层塔楼，在那里出现了一片新殖民主义的郊区，可以被不加批判地接受，也可以被反对，但这有助于理解，表面外观是由一些机制产生的，这些机制驱动着更大的城市，而不是直接与更广泛的画面联系在一起。这是德勒兹和瓜塔里给我们提供的一种工具，用它来分析正在发生的事情，看看每件事是如何连接起来的，而不是每个部分都意识到有更广泛的联系。在某种程度上，这些过程已经在我们周围的所有事物中找到了表达，包括我们想和做的事情。然而，作为艺术家的建筑师所面临的另一个挑战是如何让我们感受到这些过程的真实性，正如塞尚（Cézanne）谈到景观的形成时所说的那样："看看这座山，它曾经是火"（Cézanne,quoted by Deleuze,1985,328,n.59）。建筑物不可避免地表现出塑造它们的巨大力量，无论人们如何试图做到这一点，回头看它们的人都能够立即看出它们建于何时，也许还能够理解其中的原因，不管建筑设计者的意图是什么，他们都能够推断出这些东西。

例如，全球化进程可能会摆脱个人的控制，但在建造和改造建筑方面却可能发挥重要的作用。如果给予正确的指导，方案的其他方面或许可以被表述出来。**我们的目标是可以让大地之歌发出声音，通过对混沌的一瞥来展示其他的可能性，**以及如何实现从混沌的虚拟世界中浮现出来的建筑。一座伟大的纪念碑将重建世界，基于一个混乱的小秩序，通过它的方式进入建筑形式，进入与之接触的人们所能引导的生活类型，为这些生活制定一个框架，或者是部分框架。建筑在环境中生成，但它的内部和周围同样也有一个环境，可以形成新的概念和新的生活方式。然而，这里形成的辖域化是德勒兹和瓜塔里本身想要超越的，组织起来和解域化的事物，因此，在某种程度上，**一个人发展到一定程度后，就会陷入混乱，让自己能够接受在那里发现的东西，走出习惯和常识的结构化世界，看看会发生什么。**就像主体"自我"在自然的状态下，是一个更清晰、更自在的自我——如下西洋双陆棋——因此，当"设计师"被分散到一个多重的个体中时，这个客体也能够达到它的最佳状态。

延伸阅读

接下来你应该读什么？当然，你必须阅读德勒兹和瓜塔里写的书。他们一起写了四本书，还有许多是单独写的。本书讨论了《资本主义和精神分裂症》的两卷书及《什么是哲学？》中的一些观点。后面的参考书目还很不完整，但是如果你在网上搜索，你会很快找到最新的书目（我没有引用某一网址，因为网址可能会变化）。其中几个有用的介绍中对德勒兹的介绍要多于对德勒兹和瓜塔里的，因为它们大多是由对德勒兹的思想更感兴趣的哲学家们撰写的。他们倾向于假设读者对哲学有一定的了解，或者对德勒兹作品中提出的哲学问题的解答感兴趣。在我接下来要说的内容基于这种假设：本书的读者会对建筑问题感兴趣，对建筑而不是哲学文献有一定的了解。

当一个人接触到一个陌生而含糊的作品时，总感觉他的所知不足以正确理解这个作品。不管一个人初始的水平如何，他读德勒兹和瓜塔里的作品都会这样认为。让人稍许感到安慰的是，在德勒兹和瓜塔里看来，我们从书中得到的东西不是他们在书里所写的。关键不是去思考德勒兹和瓜塔里的想法，而是脱离我们通常的思维习惯，使得我们充满能量，形成全新的思想，不同于德勒兹和瓜塔里代我们思考的那些思想。我认为不管作者是否允许，建筑师已经这样做了。在德勒兹和瓜塔里的世界中，创造性的误解或误读是合法的行为。如果把德勒兹和瓜塔里视为圣人，对他们的智慧虔信无疑，把他们的学说奉为圭臬，那么这种行为是以彼之名，行背叛之实，让人不满。当然，这是学术界通常的趋势，也是像本书这样的书籍的意图，它意图提供一种方式来理解德勒兹和瓜塔里的世界。更准确地说，理解德勒兹、瓜塔里和巴兰坦世界的方式，这个世界在某些方面与其他读者的世界截然不同，这些读者与德勒兹和瓜塔里作品的不同方面有关联。

"延伸阅读"首先必须阅读德勒兹和瓜塔里原作，但愿我们能明白：纷乱因何而起？为何他们的作品需要评注，但又显得更加平易近人。《资本主义和精神分裂症》的两卷本是一个很好的开始，因为它们倡导创造性，而不是精心呈现的论证过程。书里论证紧凑，但并不是哲学文本中常见的方式。重要的论证往往被"视为已读"，可能因为这些在德勒兹或瓜塔里另一个语境中提到过，或者在顺便提及某人作品时提到过。他们的方法是给出有效概念的具体案例，引起人们的注意。我的文本所用的一部分方法是以这些案例中某一个开始，或以作为例证的概念开始，然后看看它会导向哪里——是退回到产生此概念的德勒兹和瓜塔里的环境，还是同我自身的经验产生关联。阅读《反俄狄浦斯》和《千高原》的经验无可替代，但无法通过短暂接触和快速阅读获得。阅读中会遇到阻碍，不时有一个想法触动你并让你激动，使你觉得努力是值得的。一些想法留存脑海，生根发芽，变得比最开始所显示的更为重要。正是通过不断的重新审视，特别是在阅读了德勒兹和瓜塔里作品里提到的相关内容后，或者从他们讨论的文本中，这些思想形成了相互关联的网络，这不是一蹴而就的。

《反俄狄浦斯》和《千高原》基于一些相互关联的思想，德勒兹早期的两本书更详尽地讨论了这些思想：即《差异与重复》(1968年)和《感觉的逻辑》(1969年)。它们内容紧密，没有《反俄狄浦斯》和《千高原》中那种戏谑影射的特质。这些可以通过托德·梅 (Todd May) 写的书来了解：《吉勒·德勒兹导论》(Gilles Deleuze: An Introduction, 2005年)。

该书清晰明了，发人深省，从"如何生活？"这一问题出发，这也是建筑师中普遍的问题。雷达尔·迪尤（Reidar Due）的书《德勒兹》（2007年）能帮助理解德勒兹和瓜塔里合作作品中隐晦的论点；克莱尔·科尔布鲁克（Claire Colebrook）关于德勒兹的书籍（2002，2006）和让－雅克·勒塞尔克莱（Jean-Jacques Lecercle）关于谵妄（délire）的文献研究《透过镜子看哲学》（Philosophy Through the Looking Glass，1985年）囊括了德勒兹和瓜塔里的材料，对理解他们的作品有帮助。这些书不是关于建筑学的，但对德勒兹和瓜塔里的思想给出通用的指导。在德勒兹死后出版的两卷本的随笔和访谈集也是如此：即《荒岛》（Desert Islands，2002年）和《两个疯狂的政权》（Two Regimes of Madness，2003年）。它们包括在出版时帮助解释和宣传书籍的新闻作品，虽然性质上没有书籍那么"技术性"，但它们对德勒兹本人作了细致入微的介绍。同样的方法也适用于其他文集：《谈判》（Negotiations，1990年）和《批评与临床医学》（Essays Critical and Clinical，1993年），但技术程度更低。与克莱尔·帕内特（Claire Parnet）合著的《对话》（Dialogues，1777年）表面上是对德勒兹思想的介绍和概述，但它作为第一本导论很费解。

在建筑学上带有最纯粹德勒兹血统的是伯纳德·卡奇（Bernard Cache）的书：《地球运动：领土的布置》（Earth Moves: The Furnishing of Territories，1995年）。卡奇参加了德勒兹在万塞纳举办的著名研讨会，德勒兹提到了卡奇当时尚未发表的作品。"在我看来，这本书的灵感来自地理、建筑和装饰艺术，"德勒兹说，"对任何折叠理论来说，这本书似乎都是必不可少的。"德勒兹将莱布尼茨的数学——处理变化率的无穷小微积分——与巴洛克装饰的无限折叠联系起来,然后与分形几何的无限回归联系起来。格雷格·林恩(Greg Lynn)在《建筑中的折叠》(fold in Architecture,1993 年)一书中提出的各种折叠观念,有些是德勒兹式的,有些不是。林恩使用数字科技,在他的建筑项目(Lynn, 1988a, 1998b and 2006)中致力于发明复杂形式,以"形态发生"的设计之名探索数字化处理自然发生形式(Hensel, 2004 and 2006)。关于约翰·赖赫曼(John Rajchman)理论的论文收集在他的书籍《结构》(Constructions,1998 年)和《德勒兹连接》(The Deleuze Connections,2000 年)中,他利用建筑学的文化背景研究德勒兹的概念,所以尽管作品很深奥,但如果读者对建筑学有经验,并不会被书页上的哲学家的名头吓倒,还是能理解作品的。关于建筑的个人论文中值得提及的还包括保罗·安德烈·哈里斯(Paul André Harris)关于瓦茨塔(Watts Towers)的论文(in Buchanan, 2005)和伊恩·布坎南(Ian Buchanan)关于洛杉矶的博纳旺蒂尔酒店(the Bonaventure Hotel)的论文(in Buchanan, 2000, 143-169)。当然,最后一篇论文也收录在我自己的《建筑理论》(Architecture Theory,2005 年,272-300)中,我自然推荐这本书作为延伸阅读,因为它吸收了本书中提出的一些观点,并进一步打开了德勒兹、瓜塔里和巴兰坦的世界。他们思维中的实验主义的方面与美国实用主义传统和建筑联系在一起。

曼纽尔·德兰达(Manuel Delanda)写了大量令人信服的文章引发建筑师的兴趣,内容是德勒兹与事物的内在相关性,例如他的《概念化的物理》(conceptualization of physics,2002 年),讲述建筑材料以及人们如何使用建筑材料。这种直觉引发雷泽(Reiser)和梅本(Umemoto)的《新兴建构图集》(Atlas of Novel Tectonics,2006 年)中的思考。

德兰达基于德勒兹和瓜塔里的思想而写的《千年非线性历史》（A Thousand Years of Nonlinear History，1997 年），是一部令人惊叹的力作，对他们观点的叙事完全不同于人类经验的范围，从地理学的广度和持久度到基因中的分子级别。他在另一本书《社会的新哲学》（A New Philosophy of Society，2006 年）中的研究另辟蹊径。瓜塔里的早期作品将社会、临床学和政治观点联系起来，如《分子革命》（Molecular Revolution，1984 年）中所呈现的那样，但建筑师们会发现，他的最后两本书更容易理解：即《三种生态系统》（The Three Ecologies，1989 年）和《混序》（Chaosmosis，1992 年），这本书阐述的思想为他倡导绿色政治的激进主义打下基础。

德勒兹和瓜塔里连接了如此多的思想和问题，使得可能的延伸阅读快速激增且无法控制。随处可见这些分散的思想。当一个思想占据上风时，人们应该与之飞奔，它会蜿蜒前行，不可预期且永不终结。

注释

第 1 章　谁?

1. 米歇尔·克雷索勒(Michel Cressole)关于德勒兹指甲很长的评价让人烦躁。参见"给严厉批评家的信"中的"德勒兹"一节,1995年,第5期。

2. 维克托·德尔博斯(Victor Delbos,1862-1916年)写了两本关于斯宾诺莎的书:《Le Problème moral dans la philosophie de Spinoza》和《dans l'histoire du spinozisme》(Paris: Alcan, 1893)德勒兹认为这两本书比德尔博斯写的学术著作《斯宾诺莎主义》重要得多。

3. 源于莫里斯·纳多(Maurice Nadeau)主持的一次访谈录音,里面有瓜塔里和其他人,最初发表于1972年,当时《反俄狄浦斯》刚出版。它收集在《荒岛》(Deleuze, 2002)中并被翻译,书名或者说标题为"德勒兹和瓜塔里的反击……"现在可以更仔细地检视德勒兹和瓜塔里的工作方法,因为他们的加注论文以前为瓜塔里所有,现在已经公开出版了(Guattari, 2005)。

第 2 章　机器

1. 塞缪尔·巴特勒(Samuel Butler)的全文"机器之书"收录在《巴兰坦》(Ballantyne)中(2005,126-143)。

2. 对法语"熊蜂"(bourdon)的回译(The translation

back），让巴特勒发明的"humblebee"（大黄蜂，古称）变成了现代的"bumblebee"（大黄蜂）。兰花和普鲁斯特的熊蜂（不是黄蜂，即法语的"guêpe"）之间有性接触。它出现在第一部分，"所多玛和蛾摩拉"，通篇使用昆虫碰触植物雄蕊的性欲意味的形象。然而，德勒兹没有在他的书中（1964）详述过普鲁斯特蜂。参见德勒兹和瓜塔里的文章"黄蜂和金鱼草的结合"（1994,185）。编者用"黄蜂和兰花的相遇"的文章介绍了《反俄狄浦斯》，使德勒兹和瓜塔里成为主角（Stéphane Nadaud, in Guattari, 2005）。

3. 《改编剧本》（2002）由斯派克·琼泽（Spike Jonze）执导，由查理·考夫曼（Charlie Kaufman）编剧，是一部精心虚构的故事，讲述了一本非虚构类文学作品《兰花小偷》（Orlean, 1998）改编成好莱坞剧本的故事。

4. 西方是谷物种植的农业，东方则是块茎种植的园艺，两者对立的有种子的种植和分枝的改种，还有动物的饲养，参见奥德里古（Haudricourt）1962年和1964年的作品。玉米和大米也不例外的：块茎种植者较晚才培养这些谷物，处理方式类似，大米很可能作为杂草首先出现在芋头沟中（Deleuze and Guattari's note, 1980, 520）。

5. 可以说，这个概念已经出现在《反俄狄浦斯》，但到了1976年，它还局限于根茎，德勒兹和瓜塔里出版了一本以此为书名的书，并在《千高原》中改编成导言章节。

6. 《千高原》的一章中使用日期作为题目，日期被赋予了重要意义："1947年11月28日：你如何使自己成为一个无器官的身体？"（Deleuze and Guattari, 1980, 149）。阿尔托的"无器官的身体"早在德勒兹与瓜塔里的合作作品发表之前，就在德勒兹的作品里出现过（1969, 88）。

7. 艾琳·格雷（Eileen Gray），引用自彼得·亚当（Peter Adam）（Adam, 2000, 309）。

第 3 章　房子

1. 格雷戈里·贝特森（Gregory Bateson，1949 年）《建筑理论》（《巴兰坦》，2005，74-87）中的"巴厘: 稳定状态的价值体系"。贝特森引用自德勒兹和瓜塔里，1980，158。

2. 齿嘴园丁鸟行为，德勒兹和瓜塔里参考马歇尔（Marshall）（1954）和吉拉德（Gilliard）（1969）。在德勒兹和瓜塔里引用的索普（Thorpe）（1956，1980，315）中也有同样的评论。

3. 德勒兹在他的论文 Périclès et Verdi（1888）中探讨了音乐与政治之间的联系——雅典总督伯里克利在古典时代重建了雅典卫城，而威尔第则是伟大的歌剧作曲家。

4. 这经常被认为是施莱格尔和歌德的表达，而且他们一再重复（Pascha，2004）。

5. 尼采（1888）的《瓦格纳事件》[德勒兹的脚注]。

6. 参见德蒂恩内（Detienne）（1989,51-52）[德勒兹脚注]。

7. 关于永恒的回归，查拉图斯特拉问他的动物:"你创造了一个手摇弦琴的歌曲吗？"尼采（1883）第三部分，"康复"（330）[德勒兹的脚注]。

8. 参见尼采（1883，340-343）中的"七个印章"的不同段落 [德勒兹脚注]。

9. 关于"圣所"的问题,即神的领地,参见让马里（Jeanmaire）（1970,193）。"人们随处都可看到他,除了他的寓所。"……他更多时候给人暗示,而不会强加于人 [德勒兹脚注]。

10. 欧仁·杜普雷尔（Eugène Dupréel）详述了一系列原
    创观念，"连贯"（与"不稳定"相关）、"巩固"、"间隔"、"插入"。
    参见杜普雷尔（1933, 1939, 1961），巴什拉在《时间辩证
    法》（La dialectique de la durée）中吸取了杜普雷尔的
    思想 [德勒兹和瓜塔里脚注]。
11. 伍尔夫（1980）第三卷，（209）[布赖恩·马苏米（Brian
    Masumi）的脚注]。

第 4 章　立面和景观

1. 这里的译文是德勒兹和瓜塔里法文原版的《千高原》中
   第 212 页上所引用的文本直接翻译过来的。它参考了两种
   已出版的译文：《基督徒》（Chrétien, 181- 190a, 432-
   433）和《基督徒》（181- 190b, 88- 89）。布赖恩·马苏
   米对德勒兹和瓜塔里文本的翻译源于后者。
2. 海德格尔（1929-1930）、梅洛 - 蓬蒂（Merleau- Ponty）
   （1995）以及德勒兹和瓜塔里都引用了雅各布·冯·尤克
   斯·威尔（Jakob von Uexkül）的作品。

第 5 章　城市与环境

1. 从所有这些观点来看，弗朗索瓦·沙特莱（François Châtelet）
   的"古典希腊，理性，国家"（Rosa, 1978）质疑城邦的
   古典观念，并怀疑雅典城市是否可以等同各类政府。伊斯
   兰教面对类似的问题，从 11 世纪开始意大利、德国和佛兰
   德斯也是如此；在这种情况下，政治权力并不意味着政府的
   形式。一个例子是汉萨镇（Hanseatic），那里没有官员，
   没有军队，甚至没有法律机构。城镇一直处于城镇网络中，

但确切地说，"城镇网络"并不总是等同政府。其中一点，可参见福尔凯（Fourquet）和穆拉尔德（Murard，1976，79-106）[德勒兹和瓜塔里注释（1980，565-566）]。

2. 参见《巴兰坦》中的格雷戈里·贝特森（Gregory Bateson，2005，35-37，71-72，109-110）。

3. 文章讨论参见《巴兰坦》中戴安娜·吉拉尔多（Diane Ghirardo）的"欺诈的建筑学"（2002，63-71），并参见约翰逊（2001，36-38）。

参考文献

Adam, Peter (2000) *Eileen Gray: Architect/Designer*, New York: Abrams 1987, revised 2000.

Arnold, Dana and Ballantyne, Andrew (2004) *Architecture as Experience: Radical Change in Spatial Practice*, London: Routledge.

Artaud, Antonin (1947) *Pour en finir avec le jugement de dieu,* translated by Helen Weaver (1988) 'To Have Done with the Judgement of God', in Antonin Artaud, *Selected Writings,* edited by Susan Sontag, New York: Farrar, Strauss & Giroux.

Bachelard, Gaston (1950) *La dialectique de la durée,* Paris: Presses Universitaires de France.

Ballantyne, Andrew (1997) *Architecture, Landscape and Liberty: Richard Payne Knight and the Picturesque*, Cambridge: Cambridge University Press.

—— (2002) *What is Architecture?,* London: Routledge.

—— (2005) *Architecture Theory*, London: Continuum.

Bataille, Georges (1931) *L'Anus solaire*, illustrated by André Masson, Paris: André Simon; text in (1970) *Oeuvres complètes*, vol. 1, Paris: Gallimard.

—— (1949) *La Part maudite: essai d'économie générale*, 3 vols, Paris: Editions de Minuit; translated by R. Hurley (1988, 1991) *The Accursed Share*, 2 vols (the title of vol. 2 is *The Accursed Share: Volumes 2 and 3*) New York: Zone Books.

Bell, Vikki (1999) *Performativity and Belonging*, London: Sage.

Berendt, John (1994) *Midnight in the Garden of Good and Evil: a Savannah Story*, New York: Random House.

Buchanan, Ian (2000) *Deleuzism: A Metacommentary*, Edinburgh: Edinburgh University Press.

—— (2005) 'Space in the Age of Non-Place', in Buchanan and Lambert (2005) 16–35.

Buchanan, Ian and Lambert, Gregg (2005) *Deleuze and Space*, Edinburgh: Edinburgh University Press.

Büchner, Georg (1839) *Lenz*, Frankfurt: Deutscher Klassiker Verlag [1999]; translated by Richard Sieburth (2004) *Lenz*, New Yok: Archipelago Books.

—— (1993) translated by John Reddick, *Complete Plays,* Lenz *and Other Writings*, Harmondsworth: Penguin.

Butler, Samuel (1872) *Erewhon*, London.

Byron, [George Gordon] Lord (1812–18) *Childe Harold's Pilgrimage*, London: John Murray.

Cache, Bernard (1995) translated by Anne Boyman, *Earth Moves: The Furnishing of Territories*, Cambridge, MA: MIT Press; French edition (1997) *Terre meuble,* Orleans: Editions HYX.

Camazine, Scott, *et al.* (2001) *Self-Organization in Biological Systems*, edited by Scott Camazine, Jean-Louis Deneubourg, Nigel R. Franks, James Sneyd, Guy Theraulaz, Eric Bonabeau, Princeton, NJ: Princeton University Press.

Canetti, Elias (1973) translated by Carol Stewart, *Crowds and Power*, Harmondsworth: Penguin.

Chipperfield, David (1994) *Theoretical Practice*, London: Artemis.

Chrétien de Troyes (1181–90a) *Perceval (Le Conte du Graal)* translated by William W. Kibler (2004) 'The Story of the Grail (Perceval)' in *Arthurian Romances,* Harmondsworth: Penguin.

—— (1181–90b) *Perceval (Le Conte du Graal)* translated by Robert White Linker (1952) *The Story of the Grail*, Chapel Hill, NC: University of North Carolina Press.

Clare, John (1819) 'The Woodman', in (1984) *John Clare: A Critical Edition of the Major Works*, edited by Eric Robinson and David Powell, Oxford: Oxford University Press.

Colebrook, Claire (2002) *Gilles Deleuze*, London: Routledge

—— (2006) *Deleuze: A Guide for the Perplexed,* London: Continuum.

Cressole, Michel (1973) *Deleuze*, Paris: Editions Universitaires.

Dawkins, Richard (1976) *The Selfish Gene*, Oxford: Oxford University Press.

Delanda [or De Landa], Manuel (1991) *War in the Age of Intellligent Machines*, New York: Zone Books.

—— (1997) *A Thousand Years of Nonlinear History*, New York: Zone Books.

—— (2002) *Intensive Science and Virtual Philosophy,* London: Continuum.

—— (2005) 'Space: Extensive and Intensive, Actual and Virtual', in Buchanan and Lambert (2005) 80–8.

—— (2006) *A New Philosophy of Society: Assemblage Theory and sociela complexity*, London: Continuum.

Delbos, Victor (1893) *Le Problème moral dans la philosophie de Spinoza et dans l'histoire du spinozisme*, Paris: Alcan.

—— (1950) *Le Spinozisme*, Paris: Vrin.

Deleuze, Gilles (1953) *Empirisme et subjectivité: essai sur la nature humaine selon Hume*, Paris: Presses Universitaires de France; translated by Constantin V. Boundas (1991) *Empiricism and Subjectivity: An Essay on Hume's Theory of Human Nature*, New York: Columbia University Press.

—— (1962) *Nietzsche et philosophie*, Paris: Presses Universitaires de France; translated by Hugh Tomlinson (1983) *Nietzsche and Philosophy*, London: Athlone.

—— (1963) *La Philosophie critique de Kant: doctrine des facultés*, Paris: Presses Universitaires de France; translated by Hugh Tomlinson and Barbara Habberjam (1984) *Kant's Critical Philosophy: The Doctrine of the Faculties*, Minneapolis, MN: Minnesota University Press.

—— (1965) *Nietzsche*, Paris: Presses Universitaires de France.

—— (1966) *Bergsonisme*, Paris: Presses Universitaires de France; translated by Hugh Tomlinson and Barbara Habberjam (1988) *Bergsonism*, New York: Zone Books.

—— (1968) *Différence et répétition*, Paris: Presses Universitaires de France; translated by Paul Patton (1994) *Difference and Repetition*, London: Athlone.

—— (1968) *Spinoza et le problème d'expression*, Paris: Les Editions de Minuit; translated by Martin Jouchin (1990) *Expressionism in Philosophy: Spinoza*, New York: Zone Books.

—— (1969) *Logique du sens*, Paris: Editions du Minuit; translated by Mark Lester and Charles Stivale (1990) *Logic of Sense*, edited by Constantin V. Boundas, New York: Columbia University Press.

—— (1970) *Spinoza: Philosophie pratique*, Paris: Presses Universitaires de France; revised and expanded (1981) Paris: Les Edition de Minuit; translated by Robert Hurley (1988) *Spinoza: Practical Philosophy*, San Francisco, CA: City Lights.

—— (1983) *Cinéma 1: L'Image-mouvement*, Paris: Les Editions de Minuit; translated by Hugh Tomlinson and Barbara Habberjam (1986) *Cinema 1: The Movement-Image*, London: Athlone.

—— (1985) *Cinéma 2: L'Image-temps,* Paris: Les Editions de Minuit; translated by Hugh Tomlinson and Robert Galeta (1989) *Cinema 2: The Time-Image,* London: Athlone.

—— (1988a) *Périclès and Verdi: la philosophie de François-Châteler,* Paris, Minuit.

—— (1988b) *Le Pli: Leibniz et le baroque,* Paris: Les Editions de Minuit; translated by Tom Conley (1993) *The Fold: Leibniz and the Baroque,* London: Athlone.

—— (1990) *Pourparlers,* Paris: Les Editions de Minuit; translated by Martin Jouchin (1995) *Negotiations,* New York: Columbia University Press.

—— (1993) *Critique et clinique,* Paris: Les Editions de Minuit; translated by Martin Jouchin (1997) *Essays Critical and Clinical,* Minneapolis, MN: Minnesota University Press.

—— (2002) *Iles désertes,* edited by David Lapoujade, Paris: Editions de Minuit; translated by Michael Taormina (2004) *Desert Islands,* New York: Semiotext(e).

—— (2003) *Deux régimes de fous,* edited by David Lapoujade, Paris: Editions de Minuit; translated by Ames Hodges and Michael Taormina (2006) *Two Regimes of Madness,* New York: Semiotext(e).

Deleuze, Gilles and Guattari, Félix (1972) *Capitalisme et schizophrénie 1: L'Anti-Oedipe,* Paris: Editions du Minuit; translated by Robert Hurley, Mark Seem and Helen R. Lane (1977) *Capitalism and Schizophrenia 1: Anti-Oedipus,* New York: Viking.

—— (1975) *Kafka: Pour une littérature mineure,* Paris: Editions du Minuit; translated by Dana Polan (1986) *Kafka: Toward a Minor Literature,* Minneapolis, MN: Minnesota University Press.

—— (1976) *Rhizome,* Paris: Editions du Minuit.

—— (1980) *Capitalisme et schizophrénie 2: Mille plateaux;* translated by Brian Massumi (1987) *Capitalism and Schizophrenia 2: A Thousand Plateaus,* Minneapolis, MN: Minnesota University Press.

—— (1991) *Qu'est-ce que la philosophie?,* Paris: Editions du Minuit; translated by Graham Burchell and Hugh Tomlinson (1994) *What is Philosophy?,* New York: Columbia University Press.

Deleuze, Gilles and Parnet, Claire (1977) *Dialogues,* Paris, Flammarion; translated by Hugh Tomlinson and Barbara Habberjam (1987) *Dialogues,*

London: Athlone; reissued with supplementary material (2002) *Dialogues II*, London: Continuum.

Detienne, Marcel (1989) translated by Arthur Goldhammer (1989) *Dionysus at Large*, Cambridge, MA: Harvard University Press.

Diogenes of Sinope (c. 340 BC) translated by Guy Davenport (1979) *Herakeitos and Diogenes*, San Francisco, CA: Grey Fox.

Drexler, K. Eric (1986) *Engines of Creation: The Coming Era of Nanotechnology*, New York: Randon House.

Due, Reidar (2007) *Deleuze*, London: Polity.

Dupréel, Eugène (1933) *Théorie de la consolidation: La cause et l'intervalle*, Brussels: M. Lamertin.

—— (1939) *Esquisse d'une philosophie des valeurs*, Paris: Alcan.

—— (1961) *La consistence et la probabilité objective*, Brussels: Académie Royale de Belgique.

Engels, Friedrich (1845) *Die Lagen der arbeitenden Klasse in England*, Leipzig, translated by Florence Wischnewetsky, *The Condition of the Working Classes in England in 1844*, reprint 1973, Moscow: Progress.

Feher, Michel (1989) *Zone: Fragments for a History of the Human Body*, edited by Michel Feher, 3 vols (numbered 3, 4 and 5), Cambridge, MA: MIT Press.

Fitton, R.S. (1989) *The Arkwrights: Spinners of Fortune*, Manchester: Manchester University Press.

Foucault, Michel (1970) 'Theatrum Philosophicum', in *Critique* 282, 885–908, Paris; translated by Sherry Simon (1977) 'Theatrum Philosophicum', in *Language, Counter-Memory, Practice*, edited by Donald F. Bouchard, Ithaca: Cornell University Press.

Fourquet, François and Murard, Lion (1976) *Les équipements de pouvoir: ville, territories et équipements collectifs*, Paris: 10/18.

Freud, Sigmund (1911) 'Psychoanalytische Bemerkungen Über Einen Autobiographisch Beschiebenen Fall Von Paranoia (*Dementia Paranoides*)' Jb. psychoanalyt. Psychopath. Forsch., 3 (1) 9–68; translated by James Strachey and Angela Richards (1955) 'Psycho-Analytic Notes upon an Autobiographical Account of a Case of Paranoia (*Dementia Paranoides*) (Schreber)', in Sigmund Freud (1991), *Case Studies 2* (vol. 9 of *The Penguin Freud Library*) Harmondsworth: Penguin.

Fuller, Buckminster (1963) *Operating Manual for Spaceship Earth*, New York: E.P. Dutton.

Genosko, Gary (2002) *Félix Guattari: An Aberrant Introduction*, London: Continuum.

—— (2006) 'Busted: Félix Guattari and the *Grande Encyclopédie des Homosexualités*' in *Rhizomes*, 11/12, Fall 2005/Spring 2006.

Gilliard, E.T. (1969) *Birds of Paradise and Bower Birds*, London: Weidenfeld.

Goodman, Nelson (1978) *Ways of Worldmaking*, Hassocks: Harvester Press.

Guattari, Félix (1979) *L'Inconscient machinique: essays de schizo-analyse*, Clamecy: Editions Recherches.

—— (1984) translated by Rosemary Sheed, *Molecular Revolution: Psychiatry and Politics*, edited by Ann Scott, Harmondsworth: Penguin.

—— (1989) *Les trois écologies*, Paris: Galilée, translated by Ian Pindar and Paul Sutton (2000) *The Three Ecologies*, London: Athlone.

—— (1992) *Chaosmose*, Paris: Galilée, translated by Paul Bains and Julian Pefamis (1995) *Chaosmosis: An Eco-Aesthetic Paradigm*, Sydney: Power Publications.

—— (1996a) translated by David L. Sweet and Chet Wiener, *Soft Subversions*, edited by Sylvère Lotringer, New York: Semiotext(e).

—— (1996b) *The Guattari Reader*, edited by Gary Genosko, Oxford: Blackwell.

—— (2002) '*La Philosophie est essentielle à l'existence humaine*': entretien avec Antoine Spire, Paris: L'Aube.

—— (2005) *Ecrits pour l'Anti-Oedipe*, edited by Stéphane Nadaud, Paris: Léo Scheer; translated by Kélina Gotman (2006) *The Anti-Oedipus Papers*, New York: Semiotext(e).

Harris, Paul André (2005) 'To See with the Mind and Think Through the Eye: Deleuze, Folding Architecture, and Simon Rodia's Watts Towers', in Buchanan and Lambert (2005) 36–60.

Haudricourt, André (1962) 'Domestication des animaux, culture des plantes et traitement d'aurtui', in *L'Homme*, vol. 2, no. 1 (January–April 1964) 40–50.

—— (1964) 'Nature et culture dans la civilisation de l'igname: l'origine des cloues et des dans, *L'Homme*, vol. 4, no. 2 (January–April 1964) 93–104.

Heidegger, Martin (1929–30) [1983] *Die Grundbegriffe der Metaphysik. Welt – Endlichkeit – Einsamkeit*, Frankfurt: Vittorio Klostermann; translated by William McNeill and Nicholas Walker (1995) *The Fundamental Concepts of Metaphysics: World, Finitude, Solitude*, Bloomington, IN: Indiana University Press.

Hensel, Michael (2004) *Emergence: Morphogenetic Design Strategies*, edited by
Michael Hensel, Achim Menges and Michael Weinstock, London: Wiley-
Academy.

—— (2006) *Techniques and Technologies in Morphogenetic Design*, edited by
Michael Hensel, Achim Menges and Michael Weinstock, London: Wiley-
Academy.

Hofstadter, Douglas R. (1979) *Gödel, Escher, Bach: An Eternal Golden Braid*,
New York: Basic Books.

Holland, Eugene W. (1999) *Deleuze and Guattari's* Anti-Oedipus*: Introduction
to Schizoanalysis*, London: Routledge.

Horrobin, David (2001) *The Madness of Adam and Eve: How Schizophrenia
Shaped Humanity*, London: Transworld.

Hume, David (1739) *A Treatise of Human Nature*, Edinburgh; edited by
L.A. Selby-Bigge and P.H. Nidditch (1978) Oxford: Clarendon Press.

—— (1751) *An Enquiry Concerning Human Understanding*, Edinburgh; edited
by L.A. Selby-Bigge and P.H. Nidditch along with *An Enquiry Concerning the
Principles of Morals* and *A Dialogue* (1975) Oxford: Clarendon Press.

—— (1779) *Dialogues Concerning Natural Religion*, London.

—— (1777) *Essays and Treatises on Several Subjects*, 2 vol., London:
T. Cadell

Jaeglé, Claude (2005) *Portrait oratoire de Gilles Deleuze aux yeux jaunes*, Paris:
Presses Universitaires de France.

James, Henry (1909) 'Preface', in *The Wings of the Dove* (first published 1902)
New York: Scribner.

Jeanmaire, Henri (1970) *Dionysus, histoire du culte de Bacchus*, Paris: Payot.

Johnson, Steven (2001) *Emergence: The Connected Lives of Ants, Brains, Cities
and Software*, New York: Scribner.

Kaufmann, Eleanor (2001) *The Delirium of Praise: Bataille, Blanchot, Deleuze,
Foucault, Klossowski*, Baltimore, MD: Johns Hopkins University Press.

Khalfa, Jean (2003) *An Introduction to the Philosophy of Gilles Deleuze*,
London: Continuum.

Lavin, Sylvia (1992) *Quatremère de Quincy and the Invention of a Modern
Language of Architecture*, Cambridge, MA: MIT.

Lecercle, Jean-Jacques (1985) *Philosophy Through the Looking Glass: Language,
Nonsense, Desire*, La Salle, IL: Open Court.

Le Corbusier (1923) *Vers une architecture*, Paris: Crès; translated by Frederick
     Etchells (1987) *Towards a New Architecture*, London, Architectural Press.
Leroi-Gourhan, André (1945) *Milieu et techniques*, Paris: Albin Michel.
—— (1964) *Le Geste et la parole*, Paris: Albin Michel; translated by Anna
     Bostock Berger (1993) *Gesture and Speech*, Cambridge, MA: MIT Press.
Lestel, Dominique (2001) *Les Origines animales de la culture*, Paris:
     Flammarion
Loughlin, Gerard (2003) *Alien Sex: The Body and Desire in Cinema and
     Theology*, Oxford: Blackwell.
Lowry, Malcolm (1933) *Ultramarine*, Philadelphia, PA: Lippincott [1962].
Lynn, Greg (1993) *Folding in Architecture*, London: Academy. Revised edition
     2004.
—— (1998a) *Folds, Bodies and Blobs*, Brussels: La Lettre Volée.
—— (1998b) *Animate Form*, Princeton, NJ: Princeton Architectural Press.
—— (2006) *Predator,* Seoul: DAMDI Publishing.
Malamud, Bernard (1966) *The Fixer,* New York: Farrar, Strauss & Giroux.
Marks, John (1998) *Deleuze: Vitalism and Multiplicity*, London: Pluto.
Marshall, Alan John (1954) *Bower Birds*, Oxford: Clarendon Press.
Marx, Karl and Engels, Friedrich (1848) *Manifest der Kommunistischen Partei*,
     London: Bildungsgesellschaft für Arbeiter; translated by Samuel Moore (1888)
     The Communist Manifesto, reprinted Harmondsworth: Penguin, 1967.
Marx, Karl (1867–94) *Das Kapital: Kritik der politischen Ökonomie*, Hamburg:
     Meissner, translated by Ben Fowkes (1976) *Capital: A Critique of Political
     Economy*, Harmondsworth: Penguin, 3 vols.
Massumi, Brian (1992) *A User's Guide to Capitalism and Schizophrenia*,
     Cambridge, MA: MIT Press.
—— (2002) *Parables for the Virtual: Movement, Affect, Sensation*, Durham,
     NC: Duke University Press.
May, Todd (2001) *Our Practices, Our Selves, or: What it Means to be Human*,
     University Park, PA: Penn State Press.
—— (2005) *Gilles Deleuze: An Introduction*, Cambridge: Cambridge University
     Press.
Melville, Herman (1851) *Moby-Dick, or: The Whale*, New York: Harper & Brothers.
Merleau-Ponty, Maurice (1995) *La Nature: Notes cours du Collège de France*,
     edited by D. Seglard, Paris: Seuil; translated by R. Vallier (2003) *Nature:*

Course Notes from the Collège de France, Evanston, IL: Northwest University Press.

Minsky, Marvin (1985) *The Society of Mind*, New York: Simon & Schuster.

—— (2006) *The Emotion Machine: Commonsense Thinking, Artificial Intelligence, and the Future of the Human Mind*, New York: Simon & Schuster.

Nietzsche, Friedrich (1878) *Menschliches Allzumenschliches*; translated by R.J. Hollingdale (1986) *Human, All Too Human,* Cambridge: Cambridge University Press.

—— (1883) *Also sprach Zarathustra:ein Buch für Alle und Keinen*, translated by Walter Kaufmann (1954) *Thus Spoke Zarathustra: a Book for All and None,* in *The Portable Nietzsche*, New York: Viking.

—— (1886) *Jenseits von Gut und Böse – Vorspiel einer Philosophie der Zukunft*; translated by R.J. Hollingdale (1973) *Beyond Good and Evil: Prelude to a Philosophy of the Future,* Harmondsworth: Penguin.

—— (1887) *Zur Genealogie der Moral – Eine Streitschrift*; translated by Walter Kaufmann and R.J. Hollingdale (1967) *The Genealogy of Morals: A Polemic*, New York: Random House.

—— (1888) translated by Walter Kaufmann (1967) 'The Case of Wagner', in *The Birth of Tragedy and The Case of Wagner*, New York: Vintage.

Oberlin, Johann Friedrich (1778) translated by Richard Sieburth (2004) 'Mr. L . . .', in Büchner (1839) 81–127.

Orlean, Susan (1998) *The Orchid Thief*, New York: Random House.

Pascha, Khaled Saleh (2004) *'Gefrorene Musik': Das Verhältnis von Architektur und Musik in der ästhetischen Theorie*, Berlin: unpublished PhD thesis.

Parr, Adrian (2005) *The Deleuze Dictionary*, edited by Adrian Parr, Edinburgh: Edinburgh University Press.

Protevi, John (2001) *Polticial Physics: Deleuze, Derrida and the Body Politic*, London: Athlone.

Proust, Marcel (1913–27) *A la recherche de temps perdu*, Paris, Grasset; translated by S. Moncrief, A. Mayor and T. Kilmartin, revised by D.J. Enright (1992) *In Search of Lost Time*, 6 vols, London: Chatto & Windus.

Rajchman, John (1998) *Constructions*, Cambridge, MA: MIT Press.

—— (2000) *The Deleuze Connections*, Cambridge, MA: MIT Press.

Reiser, Jesse and Umemoto, Nanako (2006) *Atlas of Novel Tectonics*, Princeton, NJ: Princeton University Press.

Riesman, David (1950) *The Lonely Crowd* (revised edition 1961) New Haven, CT: Yale University Press.

Rosa, Alberto Asor, Chatelet, François, Dadoun, Roger, Delacampagne, Christian, *et al.* (1978) *En marge. L'Occident et ses 'autres'*, Paris: Aubier Montaigne.

Ruskin, John (1862) 'Ad Valorem', in *Unto This Last: Four Essays on the First Principles of Political Economy*, London; collected in (1985) *Unto This Last and Other Writings*, edited by Clive Wilmer, Harmondsworth: Penguin.

Rykwert, Joseph (1996) *The Dancing Column*, Cambridge, MA: MIT Press.

Sasso, Robert and Villani, Arnaud (2003) *Le vocabulaire de Gilles Deleuze*, Paris: Centre de Recherches d'Histoire des Idées.

Schrader, Paul (1972) *Transcendental Style in Film: Ozu, Bresson, Dreyer*, Berkeley, CA: University of California Press.

Schreber, Daniel Paul (1903) *Denkwürdigkeiten eines Nervenkranken*, Leipzig; translated by I. Macalpine and T.A. Hunter (1955) *Memoirs of my Nervous Illness*, London.

Richard Sieburth (2004) 'Translator's Afterword', in *Büchner* (1839) 165–197.

Simondon, Gilbert (1958) *Du mode d'existence des objets techniques*, Paris: Aubier.

—— (1964) *L'Individu et sa genèse physico-biologique*, Paris: Presses Universitaires de France.

Smith, Adam (1776) *An Inquiry into the Nature and Causes of the Wealth of Nations*, Edinburgh.

Spinoza, Baruch (1677a) *Tractatus Theologico-Politicus*, Amsterdam; translated by Edwin Curley (1985) 'Theological-Political Treatise', in *The Collected Works of Spinoza*, vol. 1, Princeton, NJ: Princeton University Press.

—— (1677b) *Ethica ordine geometrico demonstrata*, Amsterdam; translated by Samuel Shirley (1992) *Ethics; Treatise on the Emendation of the Intellect; Selected Letters*, Indianapolis, IN: Hackett.

Thorpe, W.H. (1956) *Learning and Instinct in Animals*, London: Methuen.

Uexküll, Jakob von (1934) *Streifzüge durch die Umwellen von Tieren und Menschen*, Hamburg: Rowohlt; translated by Philippe Muller (1965) *Mondes animaux et monde humain,* and *Théorie de la signification*, Paris: Gonthier.

Winckelmann, Johann Joachim (1755) *Gedanken über die Nachahmung der greichischen Werke in der Mahlerey und Bildauer-Kunst*, Dresden; translated by Henry Fuseli (1765) *Reflections on the Painting and Sculpture of the Greeks with Instructions for the Connoisseur, and an Essay on Grace in Works of Art*, London.

Wood, David (2004) 'Territoriality and Identity at RAF Menwith Hill' in *Architectures: Modernism and After*, edited by Andrew Balllantyne, 142–62, Oxford: Blackwell.

Virginia Woolf, *The Diary of Virginia Woolf*, edited by Anne Olivier Bell assisted by Andrew McNeillie, 6 vols (London: The Hogarth Press, 1980) vol. 3: 1925–1930.

Zourabichvili, François (2004) *Le vocabulaire de Deleuze*, Paris: Ellipses.

索引

本索引列出页码均为原英文版页码。为方便读者检索，已将英文版页码作为边码附在中文版相应句段左右两侧。黑体字表示图注。

给建筑师的思想家读本

Thinkers for Architects

　　为寻找设计灵感或寻找引导实践的批判性框架，建筑师经常跨学科反思哲学思潮及理论。本套丛书将为进行建筑主题写作并以此提升设计洞察力的重要学者提供快速且清晰的引导。

建筑师解读德勒兹与瓜塔里

[英] 安德鲁·巴兰坦 著

建筑师解读海德格尔

[英] 亚当·沙尔 著

建筑师解读伊里加雷

[英] 佩格·罗斯 著

建筑师解读巴巴

[英] 费利佩·埃尔南德斯 著

建筑师解读梅洛 – 庞蒂

[英] 乔纳森·黑尔 著

建筑师解读布迪厄

[英] 海伦娜·韦伯斯特 著

建筑师解读本雅明

[美] 布赖恩·埃利奥特 著

建筑师解读伽达默尔

[美] 保罗·基德尔　著

建筑师解读古德曼

[西] 雷梅·卡德国维拉－韦宁　著

建筑师解读德里达

[英] 理查德·科因　著

建筑师解读福柯

[英] 戈尔达娜·丰塔纳－朱斯蒂　著

建筑师解读维希留

[英] 约翰·阿米蒂奇　著